制造业先进技术系列

增减材复合制造技术

邹 斌　黄传真　李莎莎　王鑫锋　李 磊

刘继凯　姚 鹏　刘含莲　王相宇　编著

机械工业出版社

本书基于增材与减材制造的可容性和渗透性，系统地介绍了增减材复合制造技术。其主要内容包括：增减材复合制造工艺基础、面向增减材复合制造工艺的数字化设计、各种材料的增减材复合制造、增减材复合制造零件的精度测量与控制、增减材复合制造实践。本书涵盖了增减材复合制造的基础理论、数字化设计、工艺方法和应用实例等方面，分别阐述了增材与减材制造的各自特点，分析了不同材质的零件增材与减材集成的可能性及其方法；本书着眼于增材与减材工艺技术的共融方法，使之能取长补短，优势互补，兼容并蓄，从而达到制造效率与精度共同提高的目的。

本书可供材料成形、机械加工领域的工程技术人员、研究人员使用，也可供机械工程领域，特别是机械制造及其自动化等专业的在校师生参考。

图书在版编目（CIP）数据

增减材复合制造技术／邹斌等编著. -- 北京：机械工业出版社，2025. 9. --（制造业先进技术系列）.
ISBN 978-7-111-79003-7

Ⅰ. TH16

中国国家版本馆 CIP 数据核字第 2025B55F44 号

机械工业出版社（北京市百万庄大街 22 号　邮政编码 100037）
策划编辑：陈保华　　　　　　　责任编辑：陈保华　卜旭东
责任校对：张爱妮　张亚楠　　　封面设计：马精明
责任印制：邓　博
北京中科印刷有限公司印刷
2025 年 9 月第 1 版第 1 次印刷
169mm×239mm · 9. 25 印张 · 174 千字
标准书号：ISBN 978-7-111-79003-7
定价：69. 00 元

电话服务　　　　　　　　　　网络服务
客服电话：010-88361066　　　机 工 官 网：www.cmpbook.com
　　　　　010-88379833　　　机 工 官 博：weibo.com/cmp1952
　　　　　010-68326294　　　金 书 网：www.golden-book.com
封底无防伪标均为盗版　　机工教育服务网：www.cmpedu.com

前　言

　　传统制造模式的工艺链长，必备模具、刀具、夹具与装备多且复杂，材料属性与零件几何结构不能在同一时空内创成，空间拓扑结构易相互干涉，造成了设计和制造彼此约束，"所想难所得"。增材制造技术是基于离散-堆积原理，由三维数据驱动直接制造零件的科学技术体系。增材制造能够突破复杂异型结构件的高效加工技术瓶颈，直接实现材料微观组织与宏观结构的可控成形，改变传统的经验设计理念，真正意义上实现自由设计转变，因此增材制造是对传统制造模式的一种颠覆。增材制造能弱化材料种类的属性界限，实现材料与几何结构共时态制备，并且不需要刀具去除材料和夹具夹持零件，使毛坯-零件-工艺-设备的适配性更强，由此降低了零件设计与制造的约束度，能实现零件的自由制造，尤其是能大大减少复杂结构零件的加工工序，缩短其加工周期。"制造强国，材料先行"，增材制造工艺的材料制备能力宽，其制备常规材料的能力已经得到很好验证。与传统制造工艺相比，增材制造技术通过使粉末、液体或片状、丝状等原始离散材料逐层堆积而快速形成人们需求的三维实体。从工艺过程来看，增材制造集产品设计、材料铸造和切削加工等工艺过程于一体，省去了诸多烦琐的工艺过程，具有柔性高、效率高和可加工任意复杂形状零件的特点；从装备系统来看，增材制造装备将传统的复杂制造系统缩小到一台或几台制造装备中，产品生产的辅助时间大大降低，同时制造的精度可大大提高。因此，增材制造是制造技术的革命性进步，符合现代和未来制造对产品个性化、定制化和特殊化需求日益增加的发展趋势。

　　增材制造需要满足未来制造"快、精和尖"的需求，但是当前增材制造的成熟度尚不能媲美粉末冶金、铸、锻、焊、切和磨等"等材"和"减材"制造技术，其制备材料的属性特征、工艺体系和先进装备等基础理论与方法有待深入的科学研究。以金属增材制造为例，金属零件增材制造是采用高能的离子束或激光束作为热源，使输送的金属粉末逐点逐层熔覆沉积，从而形成零件整体形状的制造方法。这种制造方法已经在大型整体叶盘组件和飞机大型整体承力结构件的近净成形中得到了成功的应用。从零件的尺寸精度和结构精度看，金属增材制造过程中会形成高温度梯度和大冷却速率，易导致材料晶粒细化和固溶强化，由此造成零件内部存在较大的残余应力，冷却后产生变形，精度降低，因此目前金属增材制造的零件只能达到近净成形的能力；同时，制造中出现的球化效应和边缘效应，也会使零件表面质量较差；虽然在增材制造过程中通过降低层厚可以部分提高成形精度，但是却会造成制造效率的极大降低。面对这些问题，如果在零件成形过程中，灵活采用增材（叠加方法）和减材（去除方法）相结合的制造方法，即开展增材与减材复合制造技术，则可以克服目前增材制造零件成形精度不高和表面粗糙度较高的问题，同时可以极大满足个性化、复杂化和精密化零件的高效制造要求。

作者团队长期从事增材制造、减材制造的理论、工艺和装备的研究工作，尤其是在减材的高效精密加工技术方面已达到了国际先进水平，这为本书的撰写提供了夯实的理论基础和工程应用背景。面对当今世界先进制造技术的飞速发展，以及工程领域对生产力进一步提高的渴求，本书着眼于增材与减材工艺技术的共融方法，兼容传统技术和革新技术的精化，使之能取长补短，优势互补，兼容并蓄，从而达到制造效率与精度共同提高的目的，促进我国从制造大国向制造强国的发展。本书共分 5 章：增减材复合制造工艺基础、面向增减材复合制造工艺的数字化设计、各种材料的增减材复合制造、增减材复合制造零件的精度测量与控制、增减材复合制造实践。本书可供材料成形、机械加工领域的工程技术人员、研究人员使用，也可供机械工程领域，特别是机械制造及其自动化等专业的在校师生参考。

增材制造和减材制造涉及的知识都很广泛，由于作者水平局限，书中难免有疏漏或不足之处，敬请读者批评指正。

作　者

目　　录

第1章 增减材复合制造工艺基础

1.1 增材制造

1.1.1 概述

增材制造技术（additive manufacturing，AM），通常又称为 3D 打印技术（3D printing）、实体自由成形技术（solid free-form fabrication）、快速成形技术（rapid prototyping）等，具有快速成形，结构可控，生产周期短，工艺稳定等诸多优点，是一种可制备复杂空间结构的重要新兴技术。与传统的等材或减材制造技术相比，增材制造技术不受模具制作或加工工艺限制，可解决复杂结构制品的成形问题，并且能大大减少加工工序、缩短加工周期；而且制品的结构越复杂，增材制造的优势就能发挥得越明显。增材制造具有加工制造过程数字化，产品零件设计个性化、定制化的特点。与传统的切削加工相比，增材制造采用自下而上，由点及面沉积材料的制造方法，不仅可以实现复杂形状材料制品的高效能、低成本快速制备，还可以实现设计与制造的一体化、材料与结构的一体化以及结构与功能的一体化。图 1-1 所示为采用增材制造方式定制的医用矫形器。

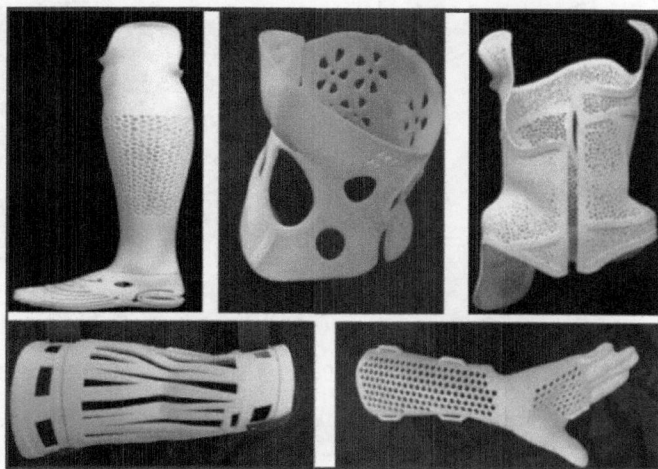

图 1-1 采用增材制造方式定制的医用矫形器

增材制造技术已经受到了世界各国的高度关注，常用于新产品的开发和单件小批量产品的制造，在航空航天、汽车、医疗和消费电子等方面得到了广泛的应用。美国 2012 年就宣布了振兴美国制造新举措，其中重点包括增材制造技术；德国启动了工业 4.0 计划，其中将增材制造技术作为发展重点；英国工程与物理科学委员会中专门设立了增材制造研究中心；法国建立了增材制造协会；澳大利亚、日本、西班牙等发达国家也都在增材制造领域投入了大量人力物力。

我国也高度重视增材制造产业的发展，2023 年 8 月 22 日，工业和信息化部联合科学技术部、国家能源局、国家标准化管理委员会正式印发《新产业标准化领航工程实施方案（2023—2035 年）》。其中，在新材料与高端装备两个专栏中明确提出研制增材制造相关标准，面向产业融合发展需求和应用场景探索，开展相关标准预研工作，全面推进增材制造产业的标准体系建设。为贯彻落实《中华人民共和国国民经济和社会发展第十四个五年规划和 2035 年远景目标纲要》，工业和信息化部会同国家发展和改革委员会、教育部、科学技术部和财政部等部门印发了《"十四五"智能制造发展规划》，明确将选区激光熔融装备、选区激光烧结成形装备列入智能制造装备创新发展行动。我国的增材制造技术虽起步相对较晚，但近年来也取得了重大进展。目前，我国在高分子材料、金属材料和陶瓷材料等主流增材制造领域取得了重大突破，获得了大量技术积累，在部分领域已经达到了世界先进水平。在 2012—2022 年，我国增材制造产业规模从 10 亿元增至 320 亿元，整个增材制造行业在蓬勃发展、不断进步。图 1-2 所示为近年来我国增材制造产业营业收入情况和增材制造在各领域服务营业收入情况。

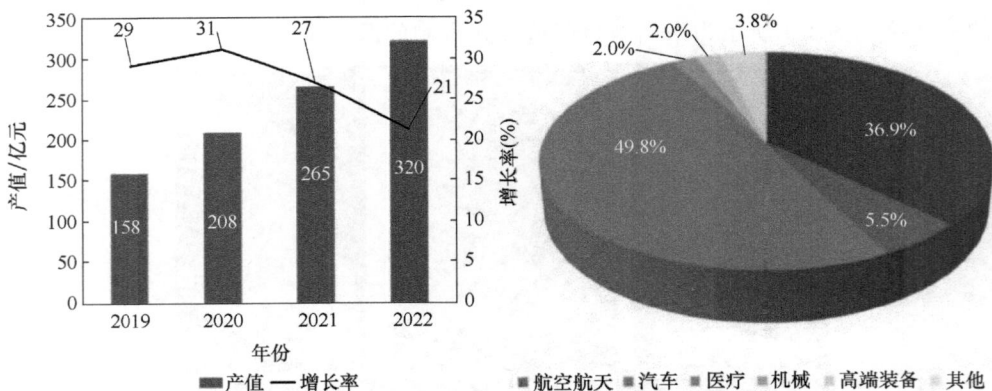

图 1-2　我国增材制造产业营业收入情况和增材制造在各领域服务营业收入情况

1.1.2　增材制造的分类与发展历程

增材制造可以按照材料类别、材料形态以及增材制造时材料加热方式的不同等进行分类。

从材料类别来看，增材制造所用的材料主要有金属材料、有机高分子材料、无机非金属材料和生物材料等。金属材料如不锈钢、钛合金和镍合金，主要应用于机械和航空航天等领域；有机高分子材料如塑料、树脂和橡胶，无机非金属材料如陶瓷、玻璃和水泥，则广泛应用于日常生活。以人工合成材料和天然材料等为主的生物材料主要应用于医疗上的诊断治疗、替换修复和诱导再生。

从材料形态的不同来看，增材制造的材料主要有丝状材料、粉末颗粒材料、带状材料以及液体材料。材料形态是选取增材制造热源的重要依据，不同的材料形态应选取不同的加工参数进行增材制造。

从材料的加热方式来看，增材制造的热源主要有电弧、激光和电子束等。以电弧为热源的增材制造基于焊接技术，其成本低、速度快、变形大，需要进行二次加工；以激光为热源的增材制造需要专门的激光设备发射激光束作为热源，其加工过程需要惰性气体保护，所制造产品的精度高、表面粗糙度低；以电子束为热源的增材制造采用高能量密度的电子束轰击材料表面的形式，适用于金属材料的增材制造，能形成致密的冶金结合，可以便捷地制造大型紧密件。

增材制造技术最早可追溯到 19 世纪下半叶，当时人们利用二维图层叠加来成形三维地形图。20 世纪 60 年代和 70 年代的研究工作验证了第一批现代增材制造工艺，包括 20 世纪 60 年代末的光聚合技术、1972 年的粉末熔融工艺，以及 1979 年的薄片叠层技术。到 20 世纪八九十年代，增材制造技术加快发展，出现了很多创新的增材制造技术，多种增材制造技术走向商业化，包括熔融沉积成形 (fused deposition modeling，FDM)、选区激光烧结 (selective laser sintering，SLS) 和电子束熔化 (electron beam melting，EBM) 等。进入 21 世纪，增材制造技术越来越成熟，材料和工艺相互促进发展，增材制造技术真正进入人们的日常生活中。

1.1.3　增材制造工艺

增材制造虽然有着许多不同的工艺种类，但基本都是通过先离散切片再堆积成形的。增材制造综合了计算机图形处理、材料加工、成形技术，利用数字化信息及其控制技术，应用软件与数控系统经过建模、设计并调整加工方案，将专业材料采用相应的增材制造成形工艺技术，逐层堆积制造出产品。

典型的增材制造加工过程包括以下几部分：首先，利用三维建模软件建立加工零件的三维模型，并将模型以 STL (standard template library) 格式存储；而后，根据模型零件的加工误差、表面粗糙度和局部曲率等因素对模型进行切片分层，得到各层轮廓；接着，根据得到的轮廓形状选用适当的路径进行填充，生成各层加工轨迹；最后，采用层层堆叠、自下而上逐层累积的方式对零件进行成形制造，随着加工时间的累积，零件按照要求逐渐堆叠成形。其工艺路线如图 1-3 所示。增材制造采用层层累积的方式进行加工，同一层中的增材轨迹需要一定的搭接率以方便成形，如图 1-4 所示。增材制造的核心是通过增加材料的方式成形零件，这与传统的减材制造通过去除材料加工零件和等材制造通过改变零件形状加工零件有本质的不同。

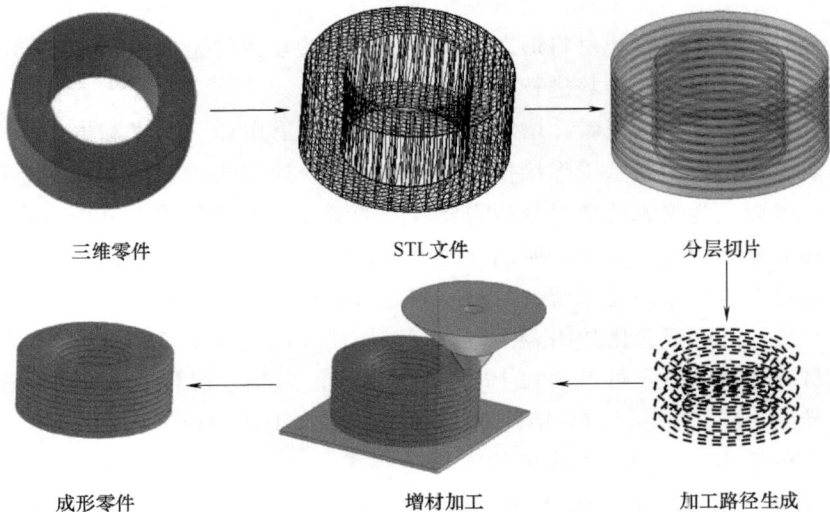

三维零件　　　　　　STL文件　　　　　　分层切片

成形零件　　　　　　增材加工　　　　　　加工路径生成

图 1-3　增材制造加工工艺路线

下面以金属激光增材制造技术、电弧增材制造技术和熔融沉积成形增材制造技术为例，介绍制造业中常用的典型增材制造技术。

1. 金属激光增材制造

图 1-4　增材制造搭接示意图

金属激光增材制造技术是指以激光为能量源快速制造金属功能模型和零件的技术。通过计算机建立实体三维模型，利用切片软件将模型进行切片处理，得到一系列离散的二维层片，规划相关的工艺路径，通过逐层精确堆积二维层片的方式，采用高能激光热源将金属粉末完全熔化，经快速冷却凝固成形，从而得到高致密度、高精度的金属零件。

当前发展较为成熟的金属激光增材制造技术有直接能量沉积（direct energy deposition，DED）增材制造和选区激光熔化（selective laser melting，SLM）增材

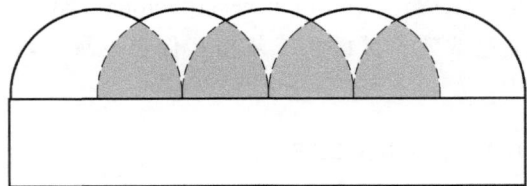

制造。图 1-5 所示为喷粉式激光直接能量沉积增材制造工作原理和运行实况。金属激光增材制造采用的原材料为金属粉末,粉末颗粒呈球形,粒径范围在几十到几百微米之间。基板可采用不锈钢板,打印前用砂纸打磨基板,再用乙醇清洗,以去除基板表面的磨屑和污渍,然后烘干。需要注意的是,激光功率、扫描速度、送粉速率和扫描间距等工艺参数会影响增材制造的成形质量。

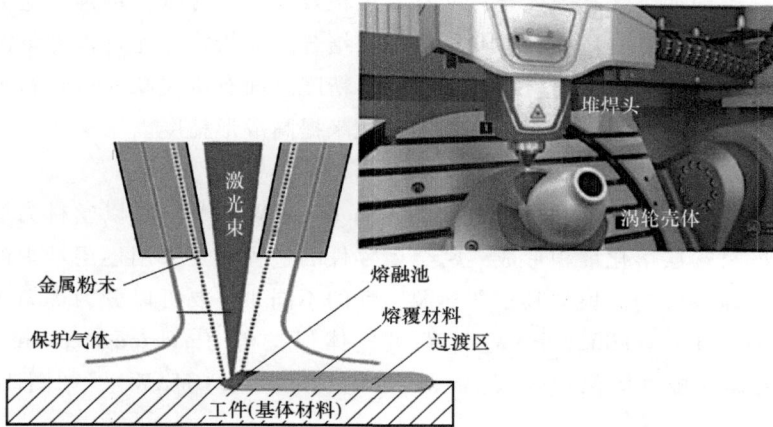

图 1-5　喷粉式激光直接能量沉积增材制造工作原理和运行实况

图 1-6 所示为选区激光熔化增材制造基本原理。选区激光熔化是一种固体自由曲面制造工艺,通过激光扫描粉末床分层构建三维零件。采用光束偏转系统,通过使用聚焦激光束提供的热能处理选定区域进而实现固结,能够生产几乎完全

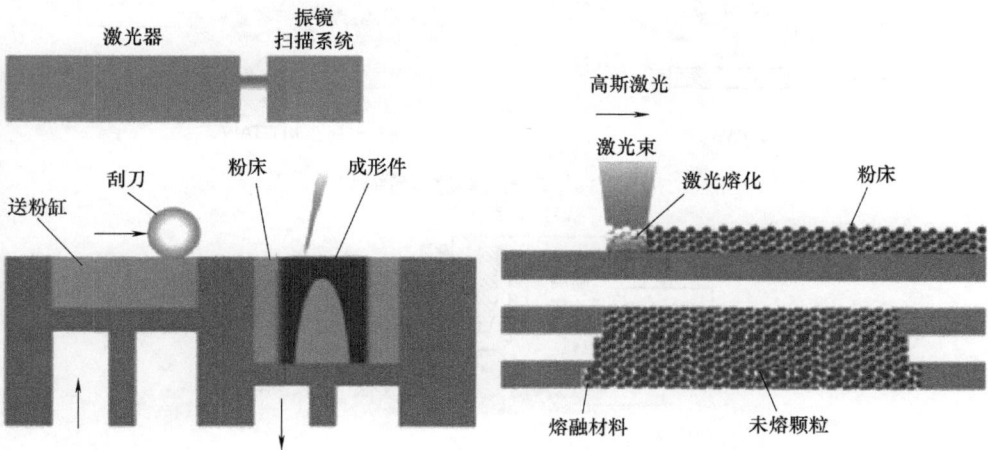

图 1-6　选区激光熔化增材制造基本原理

致密的金属零件。但是在加工过程中，可能会出现残余应力和变形缺陷等现象，特别是翘曲变形会严重影响成形质量和最终应用效果。选区激光熔化所用的原材料主要为金属粉末，材料种类有铁基合金、镍基合金、铝合金、钛合金、铜合金及钴铬合金等。

金属激光增材制造采用激光直接熔融金属材料进行增材制造，具有一般增材制造设计自由和加工性高的优点，又具有沉积效率高的特点，特别合适大型零件的制造，同时设备开放性高，易与机械加工结合。喷粉式激光直接能量沉积增材制造相较于选区激光熔化增材制造，在成形精度方面有所欠缺，可在粉末材料进行熔融沉积时通过调节光斑大小等加工参数来提高成形精度。

2. 电弧增材制造

电弧增材制造（wire arc additive manufacture，WAAM）是以丝材为原料，通过电弧将丝材逐层熔化堆积形成致密金属零件的过程，是采用逐层堆焊的方式来制造金属实体零件的。根据其工艺热源特性的不同，主要可以分为等离子气体保护焊（plasma arc welding，PAW）、钨极气体保护焊（gas tungsten arc welding，GTAW）和熔化极气体保护焊（gas metal arc welding，GMAW），如图 1-7 所示。

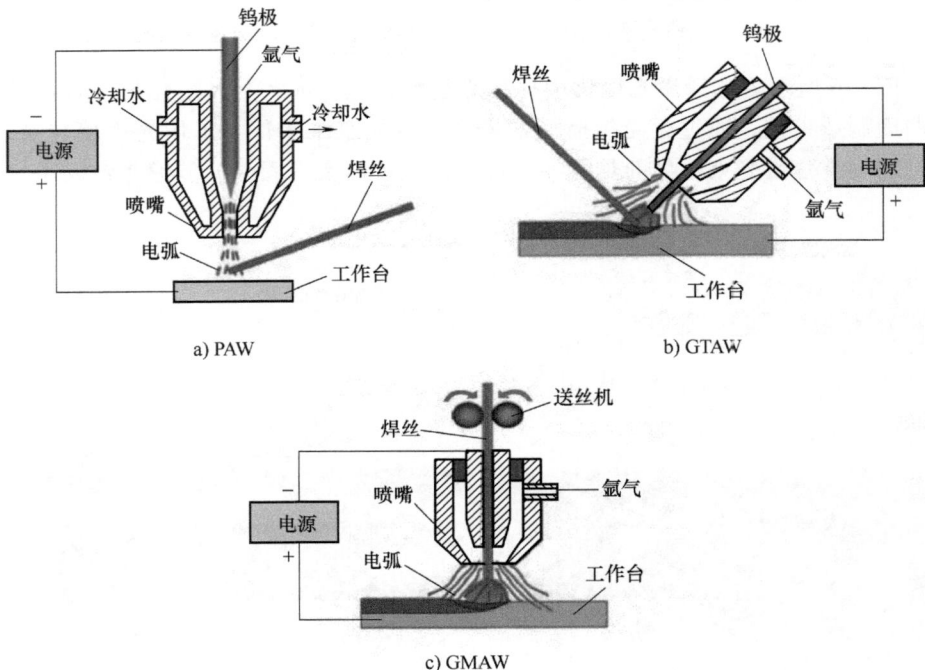

a) PAW

b) GTAW

c) GMAW

图 1-7　不同热源特性的电弧增材制造

电弧增材制造是直接能量沉积技术的一种，在该工艺中金属丝被电弧熔化后以珠状挤压在基板上，这些珠状熔融液滴结合在一起会形成一层密集的金属材料，然后重复该过程以实现逐层制造。

电弧增材制造中的传热传质过程与传统的电弧焊相似。热量在点燃电弧时产生，随着金属焊丝末端由于加热熔化生成的熔融液滴过渡到熔池上，再从熔池扩散至整个零件，最后由基板向外部导出。随着沉积层数和道数的增加，熔池向基板传热路径的增长导致了传导热流的减小，结合顶端持续的热输入，沉积物中的输入热量大于输出热量，形成热量积累。

3. 熔融沉积成形增材制造

熔融沉积成形（fused deposition modelling，FDM）是 20 世纪 80 年代末，由美国 Stratasys 公司的斯科特·克伦普（Scott Crump）发明的技术，是继立体光固化成形（stereolithography apparatus，SLA）和叠层实体制造（Laminated Object Manufacturing，LOM）后的另一种应用比较广泛的 3D 打印技术。1992 年，Stratasys 公司推出世界上第一款基于 FDM 技术的 3D 打印机——3D 造型者（3D Modeler），标志着 FDM 技术步入商用阶段。FDM 技术在增材制造技术中属于发展较早的技术，至今已经非常成熟，并且实现了较为广泛的应用。

FDM 的工作原理是将丝状的热塑性材料通过喷头加热熔化，喷头底部带有微细喷嘴（直径一般为 $\phi 0.2 \sim \phi 0.6 mm$），在计算机控制下，喷头根据 3D 模型的数据移动到指定位置，将熔融状态下的液体材料挤喷出来并凝固。材料被喷出后沉积在前一层已固化的材料上，通过材料逐层堆积形成最终的成品。图 1-8 所示为 FDM 3D 打印机与线材。

a) FDM 3D打印机　　　　　　　　　　b) FDM 3D打印线材

图 1-8　FDM 3D 打印机与线材

在打印机工作前，先要设定三维模型各层的间距、路径的宽度等数据信息，然后由切片软件对三维模型进行切片并生成打印路径。在计算机控制下，打印喷头根据水平分层数据做 x 轴和 y 轴的平面运动，z 轴方向的垂直移动则由打印平台的升降来完成。同时，丝材由送丝部件送至喷头，经过加热、熔化，材料从喷头挤出黏结到工作台面上，迅速冷却并凝固。这样打印出的材料迅速与前一个层面熔结在一起。当每一个层面完成后，工作台便下降一个层面的高度，打印机再继续进行下一层的打印，重复该步骤，直到完成整个物体的打印。

FDM 工艺的关键是保持从喷嘴中挤出的、熔融状态下的原材料温度刚好在凝固点之上，通常控制在比凝固点高 1℃ 左右。如果温度太高，会导致打印物体的精度降低，模型变形等问题；如果温度太低，则容易导致喷头被堵住，导致打印失败。采用 FDM 工艺的打印机需要使用两种材料：一种是用于打印实体部分的成形材料，另一种是用于沉积空腔或悬臂部分的支撑材料。切片软件会根据待打印模型的外形，自动计算是否需要为其添加支撑。支撑还有一个目的是建立基础层。在正式打印之前，先在工作平台上打印一个基础层，这样可以提供一个精准的基准面，还可以使打印完成后的模型更容易剥离。实体材料主要为热塑性材料，包括聚乳酸（PLA）、丙烯腈-丁二烯-苯乙烯（ABS）、人造橡胶、石蜡等。图 1-9 所示为采用 FDM 技术加工的零件。

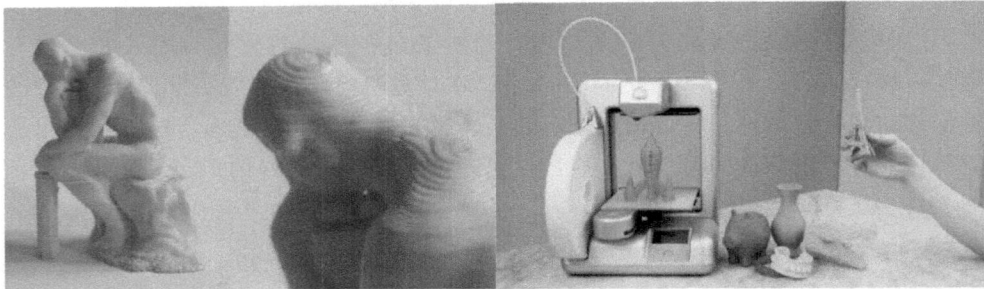

图 1-9　采用 FDM 技术加工的零件

不同的增材制造方式虽然具体原理不尽相同，但总的制造方式和加工原理是类似的，同属于增材制造的范畴，它们的工艺规划也具有很多相通之处。

1.2　减材制造

1.2.1　概述

减材制造（subtractive manufacturing，SM）拥有上千年的悠久历史，包括常见的车、铣、刨、磨等传统加工方式，是从毛坯上切除多余材料，进而获得具有一定形状和精度零件的过程，可分为手动加工和数控加工两大类。减材制造技术通过切削刀具等去除零件表面多余材料成形加工零件，相较于增材制造和等材制造，是类似于做"减法"的一种加工方式，随着加工的不断进行，零件形体由大变小。

20 世纪计算机的出现给减材加工带来了革命性的变化，数控加工取代了传统的手动减材加工。数控加工（computer numerical control，CNC）是采用计算机数值控制的方式，通过编程，使数控机床自动按要求去除材料，从而得到精加工零件。在不同的数控加工工艺中，铣削加工最常用于复杂自由曲面的制造。

数控铣削加工是减材制造最常用的手段之一。数控加工机床设备包括数控车床、数控铣床、数控钻床以及加工中心等，其可对零件的平面与曲面轮廓进行加工，也可对零件进行钻、铰、扩、螺纹加工等。与普通数控机床相比，加工中心是结构特殊的机床，其具有可进行自动换刀的刀库。数控机床通过刀具对铜、不锈钢、铝合金等原材料进行切削，去除原材料的部分体积以成形零件。传统的数控加工是三轴的方式，多轴数控加工比传统的数控加工多了可旋转的自由度，在加工过程中可调整刀轴矢量，更适用于复杂类零件的灵活加工。与增材加工相比，数控减材加工得到的零件尺寸精度更高、表面更为光滑，可一次制造精密零件，但加工过程中会产生大量的废屑，不仅污染环境，也会增加加工时间。此外，对于表面法向量变化较大或具有复杂内部型腔的复杂结构零件，数控减材加工可能会存在刀具干涉的问题而无法加工。图 1-10 所示为数控铣削加工示意图。

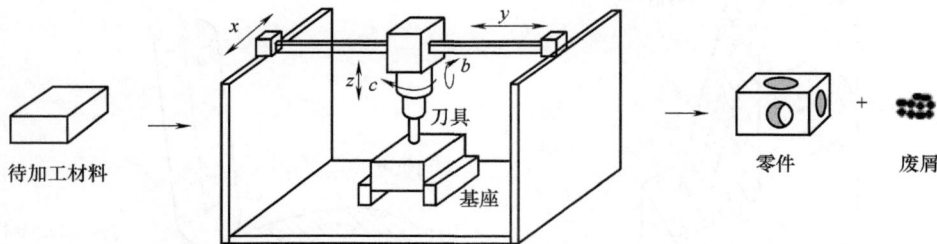

图 1-10 数控铣削加工示意图

1.2.2 减材制造工艺

减材制造是一种传统的制造方式。增材制造给制造业带来了一种全新的零件制造方式，减材制造可以与增材制造进行结合，对增材制造零件进行后处理，发挥新的作用。本书中涉及的减材制造主要是用于对增材制造得到的零件进行后处理，以提高零件的表面质量。增材制造是在专门的坐标系机床上，利用增材喷头输出材料层层堆叠形成零件，而对增材成形零件的减材制造往往是在同一机床上利用刀具进行切削，不进行二次装夹，即在增减材复合机床上切换到减材加工模式，完成对零件内部和表面区域的精加工操作。

对于三轴数控铣削来说，其加工轨迹需要由刀具接触点坐标来确定；对于多轴数控铣削来说，多轴加工运动轨迹由刀具切触点坐标和刀轴矢量共同确定。刀轴矢量的引入，提升了多轴加工的灵活性，也带来了刀具干涉和非线性误差的控制等问题，增加了多轴减材加工刀具运动轨迹规划的复杂性。多轴数控铣削相较于三轴加工更加复杂，是未来的发展趋势。这需要在减材加工时选择合适的刀轴矢量，探索加工零件表面任意切触点处的刀具可行域，从而生成非线性误差较小的无干涉加工轨迹。为避免刀具干涉和频繁换刀在零件切削部位产生刀痕，需要根据毛坯形状计算零件结构，对切削刀具轨迹和刀轴方向进行优化。需要注意的是，在复杂零件曲面轮廓切削加工中，由于球头立铣刀的实际切削轨迹与理论切削轨迹在外法线方向上存在一定偏置距离，所以球头立铣刀实际切削轨迹即为球头立铣刀刀位点轨迹。因此，对于多轴减材加工，需要确定铣刀的种类，构建加工刀具的参数模型，通过刀具与零件接触点求解得到刀具可达区域范围，确定合适的刀轴矢量选取方法，进而生成加工轨迹，实现对零件的减材加工。图 1-11 所示为减材加工刀具与零件的碰撞。图 1-12 所示为曲面轮廓铣削时铣刀刀位点运动轨迹。

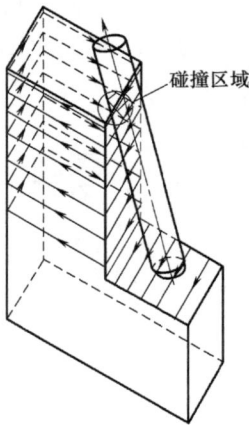

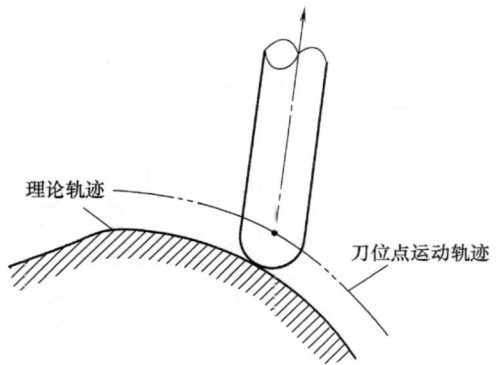

图 1-11　减材加工刀具与零件的碰撞　　图 1-12　曲面轮廓铣削时铣刀刀位点运动轨迹

铣刀是具有一个或多个刀齿、用于铣削加工的旋转刀具，在对增材成形零件加工时也最常用。铣刀不仅可用于加工简单平面和复杂曲面，还可用于加工带有沟槽、螺纹和台阶等特征的零件。在多轴数控精加工中，球头铣刀、圆角铣刀、平头铣刀和面铣刀等较为常用。球头铣刀作为曲面精加工与半精加工最理想的刀具，具有加工平稳、加工表面粗糙度低等优势。球头铣刀铣削部分为球形状，在铣削零件表面过程中，零件表面法向量会一直指向铣刀的球心，这使得计算该类型刀具刀位点时，计算较为便捷。

　　为了得到符合要求的零件，减材制造工艺参数的选取至关重要，机床主轴转速、刀具进给速度、铣削深度和铣削宽度这些工艺参数对零件的成形质量具有关键的影响。对这些工艺参数在不同的工艺策略下进行适当的规划，选取合适的工艺参数进行加工，获得所需零件。通过多次试验优化工艺参数，得到最优值，以得到表面质量较高的零件。

　　例如，在 DMG LASERTEC 65 3D 增减材复合制造设备上对多道次三维增材成形零件进行铣削加工。加工时，切屑与刀具无黏附现象，切屑呈淡黄色。铣削件的表面形貌如图 1-13a 所示，基本无积屑瘤和鳞刺，可达到减材加工表面质量要求。图 1-13b 所示为铣削件的截面形貌，由该图可见，该三维增材成形零件具有均匀的等轴晶组织，这与其力学性能优良相一致。

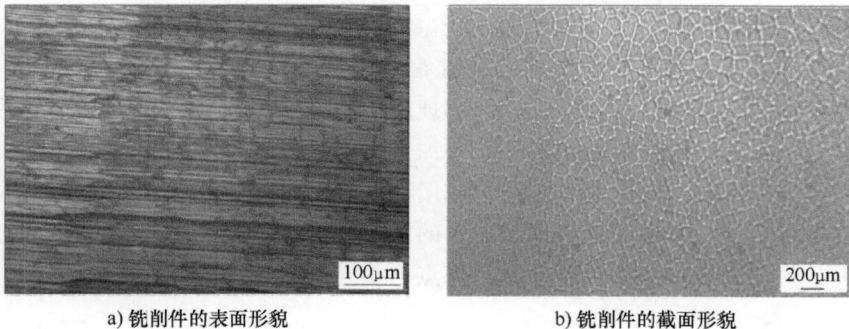

a) 铣削件的表面形貌　　　　　　　　b) 铣削件的截面形貌

图 1-13　铣削件的表面与截面形貌

　　由此可知，减材制造加工工艺主要应考虑加工时各工序的刀具轨迹，以及加工时工艺参数的选取问题。

1.2.3　减材制造与增材制造的联系

　　传统减材制造加工质量高，成本低，速度快，但面对一些复杂结构零件加工时成本高昂，甚至会因为刀具干涉和刀具不可达而无法加工。当前的减材制造以数控加工为核心，目前最先进的加工方式为五轴数控切削加工。五轴切削具有高自由度、高加工精度等优势，被广泛应用于复杂结构件的精密加工。但是，针对富有狭长、窄槽、深腔等特征或对加工刀轨模式有特定要求的复杂结构件的加工会出现问题，若仅按照最佳性能设计去加工，往往会存在严重的刀具干涉问题，造成零件无法加工。这种情况下，设计人员会通过适当更改设计来保证零件能够被实际加工出来。这样便限制了零件的结构设计，难以实现零件的最佳性能。例如，对于液压系统中用于连接各液压元件的液压集成块，采用传统减材加工的方式是在一个六面体液压金属块上进行冲制孔的减材方式来加工内流道，这会造成材料大量浪费，并且会引入工艺加工孔，带来能量损失，如图 1-14 所示。

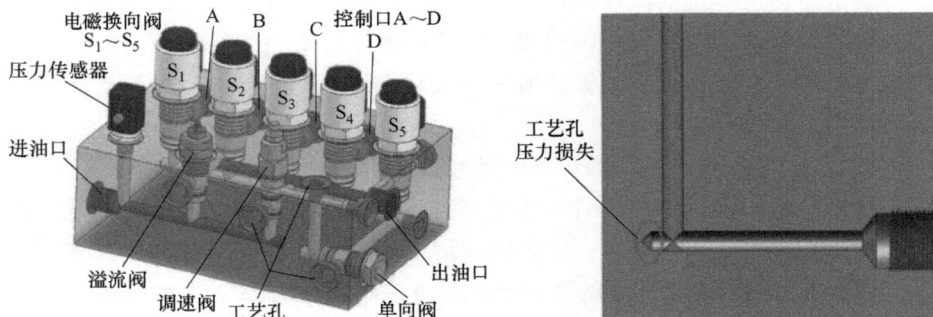

图 1-14　减材制造加工的液压集成块结构与工艺孔问题

减材制造与增材制造的优缺点具有很强的互补关系，如图 1-15 所示。将减材制造与增材制造进行有机集成，以实现增减材制造工艺的复合，不仅能够提高生产率，降低生产成本，拓宽产品原料加工范围，还可以减少生产过程中切削液的使用，保护环境。尤其是对于经常使用高硬度复合金属材料、精密加工的民航工业和国防工业，增减材复合加工技术的推广与应用能促使相关产业迎来进一步的飞跃，并成为下一步制造业关注的重点与热点。

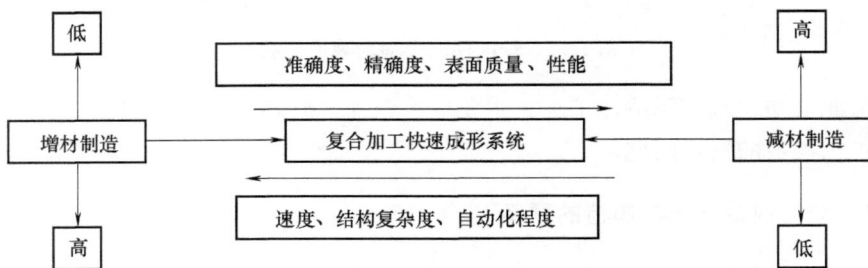

图 1-15　增材与减材制造特点对比

1.3　增减材复合制造

1.3.1　概述

增减材复合制造概念出现于 20 世纪 90 年代中期，近年来发展较为迅速。在硬件设施层面，已经有了比较成熟的研究进展，市场上已经涌现了较多成熟化增减材复合制造装备，融合不同的增材制造方式与多轴数控加工于一体。随着数控系统和检测等技术成熟度的提高，增减材复合制造设备迭代快，智能化趋势强，复杂金属零件的工艺规划与加工成形案例层出不穷。增减材复合制造能够有效提升零件成形精度和表面质量，融合增材制造和减材制造过程，可以极大改善刀具不可达问题。在加工过程中，零件的一部分对刀具运动产生了干涉，若在导致干涉的零件障碍部分还未成形之前先进行加工，可以使刀具与零件不发生碰撞，从而可以在无碰撞情况下完成零件的加工。这样既能得到较高的表面质量和精度，又可以避免刀具不可达问题带来的潜在危险。图 1-16 所示为五轴增减材复合制造系统示例。

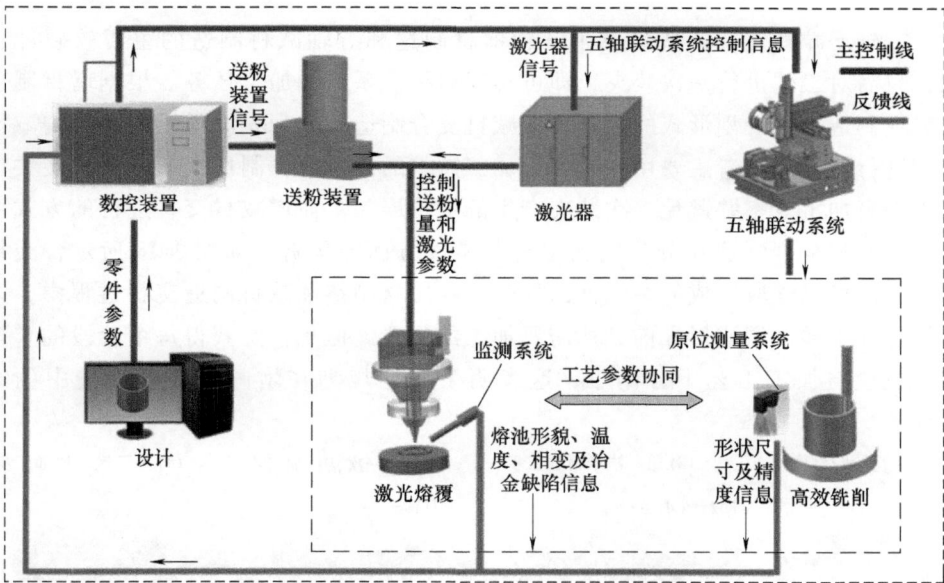

图 1-16　五轴增减材复合制造系统示例

增材制造通过材料的层层堆叠实现复杂结构件的制造。但是，目前主流的增材制造设备普遍存在表面质量和成形精度不高的问题，难以独立应用于复杂结构件的制造。减材制造技术具有高精度、高效率和高表面质量等优点，并且成本低，适合大批量生产。但是，减材制造由于刀具干涉问题难以对复杂结构零件进行加工。增减材复合制造综合了增材制造和减材制造的优点，为复杂结构件的制造提供了一种新的技术思路。该类方法通过将两种制造单元集成到一套设备中，使其同时具备减材制造和增材制造的工艺优势，可以实现复杂结构件高效率加工，解决增材制造表面质量较差和减材制造难以加工复杂结构件的问题。图 1-17

所示为采用增减材复合制造方式制造的产品。

图 1-17　采用增减材复合制造方式制造的产品

　　五轴增减材复合制造集成了五轴增材制造和五轴减材制造的主要软硬件功能，只需对工件进行一次装夹，即可实现后续一系列的加工任务。根据增材制造和减材制造工序规划形式的不同，增减材复合制造可分为先增材后减材和增减材交替进行两类。前者主要用于有切削加工需求的简单零件制造，通过减少装夹次数来提高加工效率并避免多次装夹产生的定位误差。而增减材交替进行的方式可以充分发挥复合制造在分阶段加工复杂零件方面的优势。如图 1-18 所示，交替制造方法可以逐段完成复杂零件的加工，在增材制造和减材制造交替过程中，刀具能够在干涉区域成形之前到达需要加工的位置。但是，要获得每个阶段的合理划分位置与加工工艺十分困难，这表明了工艺规划在增减材复合制造中的必要性。

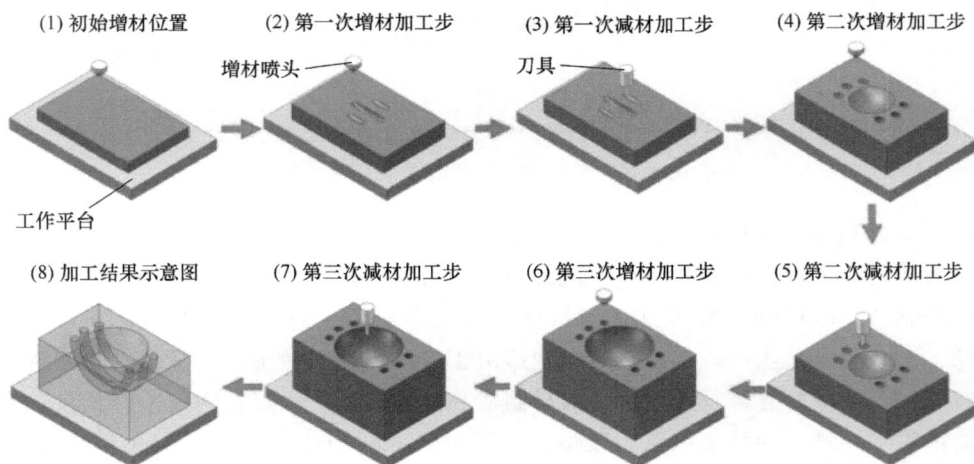

(1) 初始增材位置　　(2) 第一次增材加工步　　(3) 第一次减材加工步　　(4) 第二次增材加工步

增材喷头　　刀具　　

工作平台　　

(8) 加工结果示意图　　(7) 第三次减材加工步　　(6) 第三次增材加工步　　(5) 第二次减材加工步

图 1-18　复杂零件的增减材交替制造

增减材复合制造具有许多优点。与单独的增材制造技术或者单独的减材制造技术相比，增减材复合制造得到的零件具有更高的精度和表面质量，材料利用率也更高；还能解决加工复杂零件时增材喷头或者减材刀具的不可达问题，如能加工增材制造难以成形的内部精细结构和垂悬结构。单一机床代替了复杂的工艺链，在节省车间空间的同时更加节能环保，并且增减材工艺在复合机床中共享软硬件平台，操作更方便。

1.3.2　增减材复合制造应用设备

增减材复合制造技术当前多是集中在复合设备上，通过同一复合设备同时实现增材与减材操作。近年来，人们通过不断研究与试验，已研制出能够进行增减材复合制造的机床设备，并且部分设备实现了商业化生产和应用。增减材复合制造是将增材制造技术和减材制造技术复合到同一个机床设备上，最简单的设计思路是对原有的机床进行改装，即在现有机床上增添增材制造系统或减材制造系统。例如，可以在数控机床上添加激光 3D 打印装置，并嵌入新型控制系统、轨迹规划系统和质量监控系统，形成增减材复合制造系统。

2012 年，美国复合制造技术公司（Hybrid Manufacturing Technology）研发的复合设备使用了多个加工头，这些加工头能够在熔覆、喷涂和检测几个功能间自由切换。他们开发了名为 AMBIT 的激光熔覆头，其接口与普通刀具锥柄相同，可安装在机床刀库内，使用较为便捷，如图 1-19 所示。其设计原理是在标准的数控机床基础上改造得到增减材复合加工机床，在同一个机床内可实现零件的抛光、铣削和表面喷砂等后处理操作，减少了转移零件加工时的重新夹紧操作和编程操作，提升了加工效率。激光金属沉积头可以储存在工具库中，并使用标准的工具切换装置加载至机床主轴上。这给很多机床制造商提供了思路，可以采用将 AMBIT 激光熔覆头安装在机床刀库内的方式，搭建复合制造机床，实现一次装夹下的增减材复合制造。

图 1-19　AMBIT 激光熔覆头

日本松浦（Matsuura）公司将激光烧结技术集成到三轴数控机床中，制造出

Lumex Avence-25 复合加工机床，如图 1-20 所示。先通过激光烧结得到增材件，然后对增材件进行高速铣削精加工，以获得高精度和高表面质量最终零件。此机床工作时每次先增材打印 10 层（厚度为 0.5～2mm）形成一金属薄片，然后用高速铣削的方式进行减材轮廓精加工，完成减材后再进行增材，重复该增减材交替过程直至加工出所需要的零件。图 1-21 所示为激光烧结增材制造和铣削复合加工的过程。

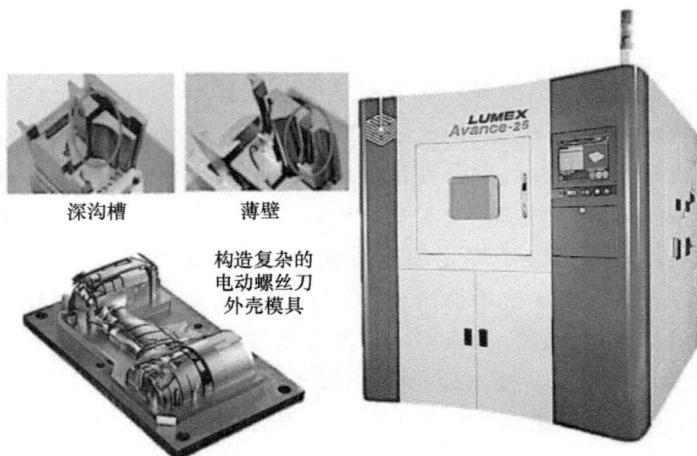

图 1-20　Lumex Avence-25 复合加工机床及其加工案例

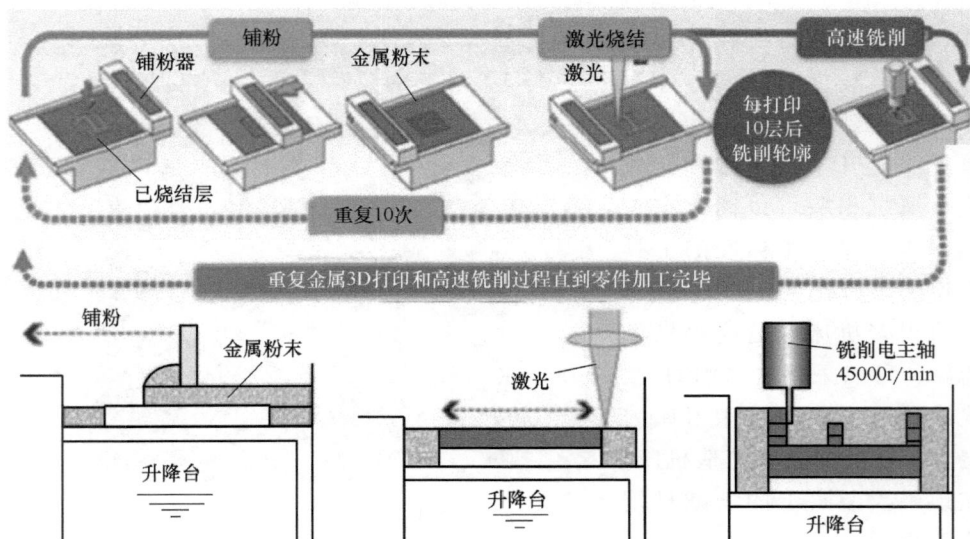

图 1-21　激光烧结增材制造和铣削复合加工的过程

德国的德马吉森精机公司（DMG MORI）于 2013 年发布了五轴激光增减材复合机床 LASERTEC 65 3D，将直接能量沉积增材技术与传统五轴铣削加工进行了结合，通过送粉-喷粉方式实现金属粉末喷涂成形，完成激光增材工作，然后采用五轴铣削进行减材，结合五轴立式加工中心实现增材-铣削复合制造功能，如图 1-22 所示。加工过程中激光头可自动更换为减材刀具，也可以在加工过程中的任意时间进行设计调整和更改，极大地提升了零件制造的先进性。该复合设备能够完整地制造复杂工件、进行修复加工，以及对模具、机械零件和医疗器械零件进行

图 1-22　五轴激光增减材复合机床 LASERTEC 65 3D

局部或者全面的喷涂加工。该机床除了具有数控加工的优点外，还兼具粉末堆焊技术的高度灵活性与成形速度快的特性，是全球第一台真正意义上专用于增减材复合制造的机床。

日本山崎马扎克公司（MAZAK）推出的 INTEGREXI-400AM 复合机床，如图 1-23 所示。该复合机床配备多个激光熔覆头，通过变换工具头，能够从高速切削切换到精细金属沉积，实现了激光增材与卧式车床的增减材复合制造。增材过程采用激光直接金属沉积技术，在喷嘴前端向工件表面喷出金属粉末的同时照射激光，在各母材上熔融、凝固金属粉末。该复合机床提供了完整的五轴功能，可以轻松地处理固态坯料、圆形零件、高异形零件和棱柱零件等，以及那些经过增材制造处理之后的零件，而且还能够进行全面的五轴车铣复合加工，适用于小批量加工难以切削的材料。

图 1-23　INTEGREXI-400AM 复合机床

我国相关公司研发的多种增减材复合制造设备也达到了较为先进的水平。鞍山宏拓数控设备工程有限公司自主研发了国内首台激光复合制造系统HTM6，融合了目前最为先进的3D激光打印和五轴联动机床加工技术，该机床为双摆台式五轴机床结构。大连三垒机器股份有限公司研发出增减材五轴联动机床，该机床实现了增减材复合制造。南京航空航天大学相关学者研制了一种基于5+1轴的增减材复合加工验证平台，该平台在三轴雕刻机基础上进行改装设计，可实现小型复杂零件的多轴复合加工。湖南大学激光研究所联合深圳大族激光科技产业集团股份有限公司研发了激光五轴复合制造中心，该机床采用双摆台式五轴结构，配备西门子840DSL数控系统，采用两个机械手分别进行刀具和激光熔覆打印头的切换。山东雷石智能制造股份有限公司研发的HMC-320A增减一体化加工中心，具有增减材一体化的多套刀盘，在加工过程无须二次装夹，具有高效率、高精度和高稳定性的特点，如图1-24所示。

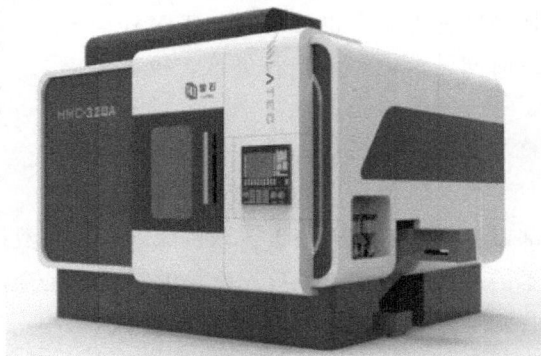

图1-24　HMC-320A增减一体化加工中心

1.3.3　增减材复合制造工艺规划

增减材复合制造的工艺规划具有至关重要的作用，决定了零件能否被加工出来，以及零件的加工效率和成形质量。零件在增减材复合制造过程中呈几何状态动态增长特性，前一工序完成后的零件几何形貌直接影响后一工序的刀具可达性，这会极大地增加工艺规划的难度。因此，在前后工序相互制约的情况下，如何定义最优工序划分准则，从而顺利完成整个制造过程，是复杂结构件增减材复合制造中亟待解决的问题。针对这一难题，传统的方法是采用保守工序划分方法，将零件划分为均匀厚度切片，而后针对每一切片采用增材与减材工序交替的方式来进行制造。这种方法在技术上便于实现，但是会存在过多的工序交替，使得准备时间和换刀时间大大增加，严重影响加工效率，而且在零件表面容易产生接刀痕，影响表面质量，甚至影响零件的功能特性。

在加工复杂特征时，如何避免刀具与工件已成形部分发生碰撞是增材与减材交替过程中的一个难题。为了解决这一问题，需要对增减材工艺规划的方法和原理进行探索，研究增材喷头和减材刀具的可达性问题，确定增材与减材过程中的工艺约束类型，对零件进行工序划分并制定工艺方案，以保证增减材复合制造对复杂零件的可加工性。可以采用高斯半球投影法来描述刀具（指增材喷头和减材刀具）的可达性，图 1-25 所示为基于高斯球的增减材复合制造刀具可达性定义示意图。P_i 点为零件表面上的任意一个刀具接触点，在该点附加一个单位半球，即高斯半球，用于描述刀具在该点的可达性。图中阴影部分为 P_i 点可行的刀轴方向在高斯半球上的投影，表明在这些位置加工时刀具不会与障碍物发生干涉，其余位置表示刀具会与已成形部分

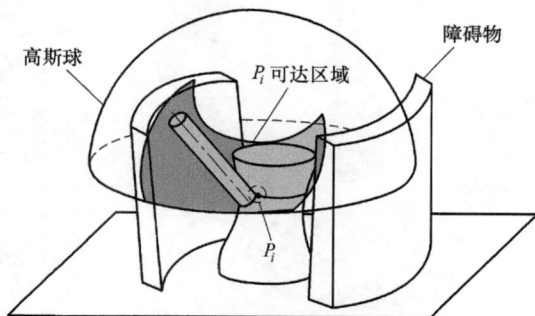

图 1-25　基于高斯球的增减材复合制造
刀具可达性定义示意图

等障碍物发生干涉，由此即可描述增减材复合制造的增材喷头和减材刀具的可达性。

　　增材与减材的交替过程需要经历更换刀具、等待增材区域完全凝固、端面铣削等操作，会对总加工时间产生很大的影响，每次增材的初始化运行也会造成金属粉末的浪费。为提高整体加工效率，复合制造的工艺规划应在保证零件满足可加工性的基础上，以最少的交替次数为目标。复合制造工序划分的主要目的之一是计算零件的划分位置，以确保待加工区域中每个位置的可加工性。当零件由明显满足可加工性的各种特征组成时，可以直接根据特征进行划分。当前的增减材复合制造商业化设备缺少成熟的工序规划算法支撑，应用受限。对于复杂零件，增减材复合制造工序规划复杂，没有普适性的自动规划方法。近年来，人们对增减材工艺规划主要针对实心柱状零件和特征明显的结构件，对于这种结构有一定特征零件的增减材复合制造，可以先定义刀具可达性，然后采用某些算法（如贪心算法）去尽可能地减少增材与减材的交替次数，得到最优的交替序列。图 1-26 所示为柱形特征零件的增减材复合制造加工序列，该序列首先以增材喷头和减材刀具不与零件和平台发生碰撞为前提对零件进行初始分区，即保证刀具可达性，然后采用贪心算法优化零件初始分区，使得增材和减材的交替次数最少，从而效率最高。上述工序划分方法并不适用于带有内腔体的流道结构，当有更多的加工细节和工艺约束需要考虑时，零件工艺规划的原则与评价指标将变得更加复杂，很难有普适性的方法去找到复杂零件的最优工序划分方法。

　　工序划分问题可以通过数值计算和计算机仿真等方法来解决，但是工艺规划中不仅仅要考虑工序划分问题，还要考虑实际加工中可能遇到的工艺问题。例如，每一道壁面上的减材工序都需要在端面轮廓处留有一定深度的未铣削区域作

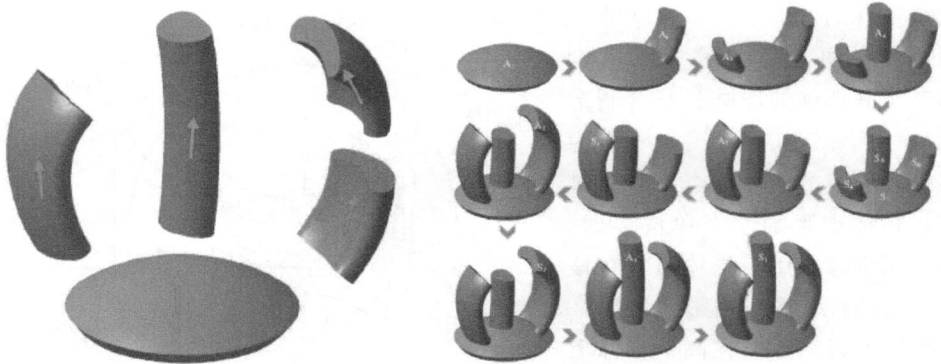

图 1-26 柱形特征零件的增减材复合制造加工序列

为加工余量，这一区域将作为下一道增材工序的支撑结构。

对于增材制造来说，工艺参数至关重要，能决定零件的成形质量，不同的工艺参数下会有不同的表面形貌。例如，对于激光直接金属沉积成形类型的增材制造，激光功率、扫描速度、送粉速率和扫描间距等增材工艺参数会对沉积层截面形状尺寸和表面粗糙度产生影响。图 1-27 和图 1-28 所示为激光定向能量沉积粉末单道次沉积层的截面形貌和激光定向能量沉积粉末多道次二维沉积层的表面形

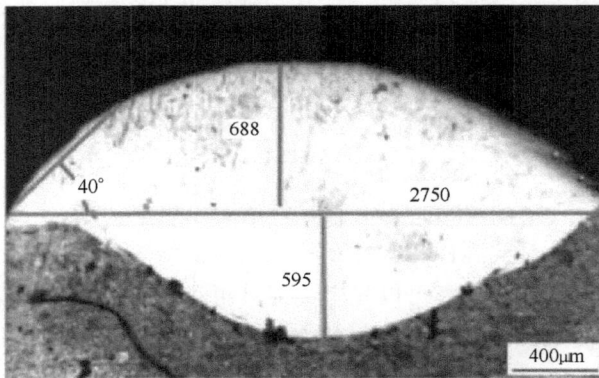

图 1-27 激光定向能量沉积粉末单道次沉积层的截面形貌

a) 表面形貌

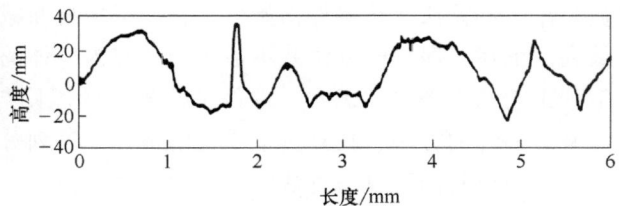

b) 表面轮廓

图 1-28 激光定向能量沉积粉末多道次二维沉积层的表面形貌与表面轮廓

貌与表面轮廓。通过测定沉积件的力学性能，对沉积工艺参数进行优化，获得最佳沉积工艺参数，从而使得粉末沉积件能获得理想的等轴晶组织，有利于提升零件的抗拉强度和断后伸长率等力学性能。

对于增减材复合制造中增材与减材的交替策略等也会影响零件成形质量。图 1-29a 所示为先增材后减材工艺策略下的试样，可以看到明显的层纹及边缘塌陷。对于送粉式激光定向能量沉积增材制造来说，产生这类缺陷的主要原因是熔道在重力作用下由于没有支撑而向下流动，并迅速凝固，从而产生塌陷，如图 1-29b 所示。试样成形采用的是正交扫描策略，即相邻两层间激光的扫描方向相互垂直，因此塌陷程度也更加明显，导致了试样尺寸精度误差的累积。由此可见，增减材复合制造的工艺策略很大程度上决定了零件的成形质量。

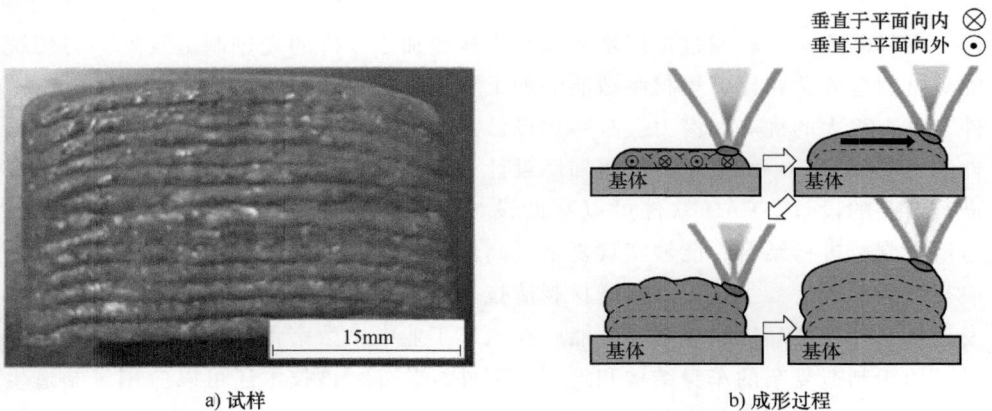

a) 试样　　　　　　　　　　　　　b) 成形过程

图 1-29　先增材后减材工艺策略下的试样与成形过程

对增减材复合制造工艺规划的研究具有重要意义，研究出适用范围更广的工艺规划方法，有利于加深对增减材复合制造的认识，推动增减材复合制造的发展，从而使其能够更好地为制造业服务。

第 2 章　面向增减材复合制造工艺的数字化设计

2.1　增材数字化设计

2.1.1　概述

增材制造是一种通过逐层堆叠材料来构建加工零件的先进制造技术。与传统的减材制造方法相比，增材制造能够加工拓扑结构更加复杂、性能更加优异的零件，具有很大的优势和潜力。数字化设计是将创意和概念转化为可制造的物理零件的关键环节，一般使用计算机辅助设计（computer aided design，CAD）软件来进行产品的设计。CAD 软件可以帮助设计师快速创建复杂的几何形状和结构，与增材制造进行结合，能够实现复杂、高性能零件的高效设计与制造。例如，在航空航天领域，数字化设计与增材制造技术可以用于制造轻量化的飞机零部件和发动机组件，提高燃料效率和性能。在汽车工业中，数字化设计与增材制造技术可以用于制造复杂的车身结构和定制零部件。此外，该技术还可以应用于制造生物组织和器官、可穿戴设备、电子产品和艺术品等。

数字化设计不仅可以改变产品的形状和结构，设计者还可以通过计算机辅助工程（computer aided engineering，CAE）软件，对产品的性能进行仿真，并根据仿真结果进一步优化产品的功能和性能。该设计流程可以在实际制造之前发现和解决潜在问题，进而节省时间和成本。但是，上述设计流程也存在迭代次数多、设计周期长、数据格式转换困难等问题，因此，研究人员提出了将数字化设计与结构优化技术相结合的创成式设计方法。作为一种集计算智能、优化技术与设计创新于一体的现代设计方法，创成式设计方法通过人机交互的方式，让计算机系统自动生成多种设计选项，然后由设计者从中挑选最合适的方案。在具体实施过程中，设计者首先设定产品的基本参数，如制造流程、载荷和约束。随后，设计软件会根据这些要求使用拓扑、形状、尺寸优化等具体算法自动生成一系列设计备选方案。设计者可以选择符合需求的最佳组合，并通过进一步的迭代来完善产品的数字化方案。目前，拓扑优化能够在指定优化空间内根据输入边界条件进行最大程度的自主寻优，是创成式设计中最关键的技术之一。

2.1.2　拓扑优化设计

结构优化设计包括两部分内容：首先将工程实际问题的物理模型转变为数学模型，选取设计变量，列出目标函数，给出约束条件；然后采用适当的最优化方法求解数学模型。它可归结为在给定的条件下求目标函数的极值或最优值问题。拓扑优化，作为主流的结构设计方法，其目的是在指定的几何和物理约束下，通过优化算法和数值计算得到设计域内的最优材料分布，其结果通常采用二元密度场来进行表达。

拓扑优化问题目标和约束的对象是广泛的，可以是质量、刚度、强度、固有频率等，这些目标和约束可以互换组合，从而形成不同类型的拓扑优化问题。图 2-1 所示为一个支架零件的拓扑优化设计实例。在给定的设计空间内，经过拓扑优化分析寻找到该零件的最佳几何造型，在满足结构刚度要求的情况下，减小了结构质量，实现了零件的轻量化设计。

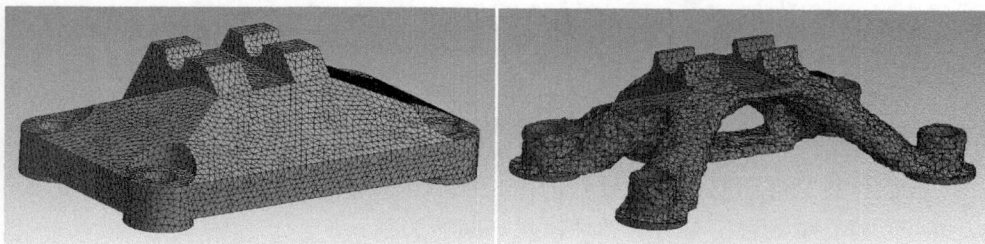

a) 初始设计空间　　　　　　　　b) 拓扑优化结果

图 2-1　拓扑优化设计实例

1. 基于变密度法的连续体结构拓扑优化设计

在结构拓扑优化领域，固体各向同性材料惩罚法（SIMP）插值模型运用最为广泛。拓扑优化 SIMP 方法假设有限单元内的材料相对密度为设计变量，而材料特性用相对密度的指数函数来模拟。具体材料相对密度的 SIMP 原理惩罚可以表示为

$$\varphi(x_i) = x_i^p, x_i \in [x_{\min}, 1], i = 1, 2, 3, \cdots, n \tag{2-1}$$

式中　$\varphi(x_i)$——相对弹性模量；

$\qquad x_i$——设计变量（相对密度）；

$\qquad p$——惩罚因子。

为得到清晰的材料分布形式，避免中间密度单元的出现，SIMP 模型引入惩罚因子 p 对中间密度值进行惩罚。惩罚因子的引入使得中间密度单元对应一个很小的弹性模量，削弱其对结构刚度矩阵的影响，降低中间密度材料的刚度/质量

贡献，促使设计变量的中间密度值向 0-1 两端聚集，实现连续场拓扑优化模型的 0-1 离散优化效果。当 p 取不同值时，其差异化的中间密度惩罚效果，即 SIMP 密度惩罚函数图如图 2-2 所示。

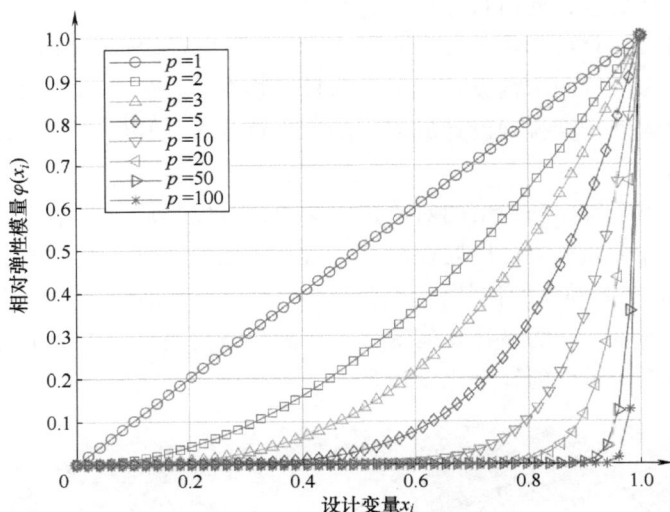

图 2-2　SIMP 密度惩罚函数图

　　假设材料是各向同性的，材料的泊松比取值是一个与材料密度无关的常量，从而可以建立单元密度与材料弹性模量之间的关系：

$$E(x_i) = E_{\min} + \varphi(x_i)(E - E_{\min}) \qquad (2\text{-}2)$$

式中　$E(x_i)$——结构中单元 i 的弹性模量；

$\qquad E_{\min}$——低强度材料单元的弹性模量，为了数值稳定性，通常取 $E_{\min} = E/1000$；

$\qquad E$——固体材料单元的弹性模量。

　　这里考虑全局结构体积约束下，柔度最小（即刚度最大或结构应变能最小）连续体结构的拓扑优化问题。从物理意义上说，结构的柔度极小化使结构的抗变形能力最大化，即结构的刚度达到极值。而在 SIMP 模型的基础上，连续体结构的柔度 C 表达为

$$C = F^T U = U^T K U = \sum_{i=1}^{n} u_i^T k_i u_i \qquad (2\text{-}3)$$

式中　F——外部载荷；

$\qquad U$——载荷引起的全局位移矩阵；

$\qquad K$——全局刚度矩阵；

$\qquad u_i$——单元 i 的位移矩阵；

k_i——单元 i 刚度矩阵。

在结构整体体积约束下，基于 SIMP 材料插值模型的柔度最小化连续体结构拓扑优化问题可以描述为

$$
\begin{cases}
\text{find}: \boldsymbol{x} = \left[x_1, x_2, \cdots, x_n \right]^{\mathrm{T}} \\
\text{min}: C = \boldsymbol{U}^{\mathrm{T}} \boldsymbol{K} \boldsymbol{U} = \sum_{i=1}^{n} \boldsymbol{u}_i^{\mathrm{T}} \boldsymbol{k}_i \boldsymbol{u}_i \\
\text{s. t.}: \begin{cases}
\boldsymbol{F} = \boldsymbol{K} \boldsymbol{U} \\
\dfrac{V}{V_0} = \dfrac{1}{n} \sum_{e=1}^{n} \rho_e \leqslant f \\
0 \leqslant x_i \leqslant 1, i = 1, 2, \cdots, n
\end{cases}
\end{cases}
\tag{2-4}
$$

式中　V——优化后结构的总体积；

　　　V_0——初始设计空间体积；

　　　ρ_e——单元密度；

　　　f——预设的结构体积分数上限。

Sigmund 提出了一种简单的灵敏度计算、设计变量更新理论，并通过 MATLAB 快速实现了灵敏度计算和设计变量更新代码功能。

2. 应力约束拓扑优化

在工程实际应用中，结构的强度要求是必须满足的。在优化问题中，结构的强度要求通常通过应力约束来表现。但是，应力相关问题一般都是高度非线性的，这给优化带来了极大的困难。下面介绍全局应力约束建模方法来解决上述问题。

（1）对压力和刚度的惩罚　假设设计域用八节点六面体有限单元离散，每个单元都分配一个密度变量：设计变量可以写为 $\boldsymbol{X} = (x_1, x_2, \cdots, x_n)^{\mathrm{T}}$，其中 n 是单元总数。SIMP 方法的设计变量被限制在 [0,1] 范围内，其中 0 对应无材料，1 对应固体材料。材料刚度 $\boldsymbol{D}_i$ 可以根据 SIMP 惩罚函数表示如下：

$$
\boldsymbol{D}_i = x_i^p \boldsymbol{D}_0
\tag{2-5}
$$

式中　$\boldsymbol{D}_0$——固体材料的刚度；

　　　p——单元刚度惩罚因子，一般设置为 3。

得到应力矢量如下：

$$
\boldsymbol{\sigma}_i = \boldsymbol{D}_0 \boldsymbol{B}_i \boldsymbol{u}_i
\tag{2-6}
$$

式中　$\boldsymbol{u}_i$——第 i 个单元节点位移向量；

　　　$\boldsymbol{B}_i$——第 i 个单元的应变-位移矩阵。

应力向量 $\boldsymbol{\sigma}_i$ 具体表达为

$$\boldsymbol{\sigma}_i = (\sigma_{ix}, \sigma_{iy}, \sigma_{iz}, \sigma_{ixy}, \sigma_{iyz}, \sigma_{izx})^{\mathrm{T}} \tag{2-7}$$

为了加速收敛，避免中间密度单元存在，松弛应力 $\hat{\boldsymbol{\sigma}}_i(x_i)$ 表示为

$$\hat{\boldsymbol{\sigma}}_i(x_i) = \eta(x_i)\boldsymbol{\sigma}_i \tag{2-8}$$

近年来，人们提出了几种不同的惩罚方案，这里给出了一般的应力惩罚方案：

$$\eta(x_i) = (x_i)^q \tag{2-9}$$

式中 q——非负应力松弛参数。

应力惩罚的目的是放大中间密度单元的应力值，而固体材料的 $\hat{\sigma}_i$ 等于 σ_i。

$$\lim_{x_i \to 0} \hat{\boldsymbol{\sigma}}_i(x_i) = 0 \tag{2-10}$$

冯米塞斯应力的定义具体表达如下：

$$\hat{\sigma}_{vm,i} = \left(\sigma_{ix}^2 + \sigma_{iy}^2 + \sigma_{iz}^2 - \sigma_{ix}\sigma_{iy} - \sigma_{iy}\sigma_{iz} - \sigma_{iz}\sigma_{ix} + 3\tau_{ixy}^2 + 3\tau_{iyz}^2 - 3\tau_{izx}^2\right)^{\frac{1}{2}} \tag{2-11}$$

（2）整体 P 范数应力计算 为避免海量的局部应力约束，通常采用标准 P 范数进行全局应力表达，即 σ_{PN}，以近似结构的最大局部应力，其表达如下：

$$\sigma_{PN} = \left(\sum_{i=1}^n \hat{\sigma}_{vm,i}^P\right)^{1/P} \tag{2-12}$$

式中 $\hat{\sigma}_{vm,i}$——第 i 个单元质心处的冯米塞斯应力；

$\qquad$ n——单元数量；

$\qquad$ P——P 范数聚合参数。

值得注意的是，当 $P \to \infty$ 时，P 范数聚合结果接近 $\hat{\sigma}_{vm}$ 的最大值。

$$\max\hat{\sigma}_{vm} \leqslant \left(\sum_{i=1}^n \hat{\sigma}_{vm,i}^P\right)^{1/P} \tag{2-13}$$

一般来说，较大的 P 值可以更精确地近似最大冯米塞斯应力。然而，如果 P 的值太大，优化问题可能会变成病态的，并在优化过程中引起严重的振荡（$P > 30$）。因此，应该选择一个合适的 P 范数值，实现光滑快速的收敛过程，并实现对最大局部应力的充分近似。

在全局应力约束下，基于 SIMP 材料插值模型的柔度最小化连续体结构拓扑优化问题就可以描述为

$$\begin{cases} \text{find}: \boldsymbol{x} = [x_1, x_2, \cdots, x_n]^{\mathrm{T}} \\ \min: C = \boldsymbol{U}^{\mathrm{T}}\boldsymbol{K}\boldsymbol{U} = \sum_{i=1}^n \boldsymbol{u}_i^{\mathrm{T}}\boldsymbol{k}_i\boldsymbol{u}_i \\ \text{s. t. }: \begin{cases} \boldsymbol{F} = \boldsymbol{K}\boldsymbol{U} \\ \sigma_{PN} \leqslant \sigma_0 \\ 0 \leqslant x_i \leqslant 1, i = 1, 2, \cdots, n \end{cases} \end{cases} \tag{2-14}$$

式中 σ_{PN}——结构的 P 范数聚合全局应力；

σ_0——预设材料许用应力。

Deng 等学者提出了一种基于伴随方法和 P 范数应力敏感性的高效 3D 灵敏度分析方法，结合有限元分析，以 146 行 MATLAB 代码实现了三维应力基灵敏度分析，并采用有限差分近似验证了其正确性；他们还运用移动渐近线法（MMA）这一非线性优化求解器，通过三个典型的体积约束应力最小化问题验证了灵敏度分析代码的有效性，而且该代码可拓展应用于其他 3D 拓扑优化问题。

3. 自支撑约束拓扑优化方法

在增材制造（AM）过程中，面临大悬挑结构的制造挑战，常常需要在结构下方添加额外的支撑，以防止在制造过程中发生坍塌。然而，这些支撑结构的使用不仅增加了打印时间和成本，而且在后续的去除过程中也会引入工艺上的复杂性，进而影响结构的表面精度。因此，自动识别并设计出可自支撑的结构，在拓扑优化领域成了一个研究热点。为了解决这一问题，开发出了一种实现自支撑结构的 AM 滤波方法，该方法能够在优化设计阶段自动识别并整合结构的悬挑特性，使所有悬挑边界的倾斜角度超过可自支撑的临界角度（通常为 45°）。下面将对这一 AM 过滤方法进行详细介绍。

二维自支撑滤波的原理如图 2-3 所示。在该滤波器中，位于下层的索引为 $(i-1, j-1)$、$(i, j-1)$ 和 $(i+1, j-1)$ 的单元被定义为单元 (i, j) 的支持区域。如果支持区域内没有材料，则自支撑滤波器将从单元 (i, j) 中移除材料；否则，允许材料留在单元 (i, j) 中。通过该规则，自支撑滤波器实现了 45°悬垂自支撑特性。自支撑滤波器的数学表示如下：

$$\xi_{i,j} = \begin{cases} \min(\bar{\rho}_{i,j}, \max(\bar{\rho}_{i-1,j-1}, \bar{\rho}_{i,j-1}, \bar{\rho}_{i+1,j-1})) & (i,j) \in \Omega_u \\ \bar{\rho}_{i,j} & (i,j) \in \Omega_b \end{cases} \tag{2-15}$$

式中　$\bar{\rho}$——密度投影场；

Ω_u——除了最下方一层单元的所有区域；

Ω_b——最下方一层单元所在区域。

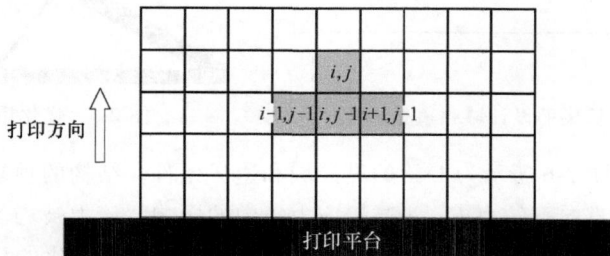

图 2-3　二维自支撑滤波的原理

与式（2-15）对应的可微形式为

$$\xi_{i,j} = \mathrm{smin}(\bar{\rho}_{i,j}, \mathrm{smax}(\bar{\rho}_{i-1,j-1}, \bar{\rho}_{i,j-1}, \bar{\rho}_{i+1,j-1})) \quad (i,j) \in \Omega_u \quad (2\text{-}16)$$

其中，smin 定义为

$$\mathrm{smin}(a,b) = \frac{1}{2}\left\{ a+b-\sqrt{[(a-b)^2 + \epsilon_s]} + \epsilon_s^2 \right\} \quad (i,j) \in \Omega_u \quad (2\text{-}17)$$

smax 为 P-Q max 函数，用于计算支撑区域内元素的最大值：

$$\mathrm{smax}(a,b,c) = \sqrt[Q]{a^P + b^P + c^P} \quad (i,j) \in \Omega_u \quad (2\text{-}18)$$

其中，$\epsilon_s = 10^{-4}$ 是控制近似精度的参数，$P = 40$，并且 $Q = P + \dfrac{\lg 3}{\lg \dfrac{1}{2}}$。

4. 数值算例

【算例 1】 图 2-4 所示为悬臂梁的设计域和边界条件。该结构在左端面固支，并在右下角点承受垂直向下的力 F。在优化过程中，过滤半径被设定为 3，而体积约束上限为 30%。采用的迭代步长为 0.5，优化的目标函数是结构的柔度。该问题通过使用 OC（optimality criteria）优化准则求解器来进行求解。

初始设计阶段，当设计域被完全填充为固体材料时，计算得出的柔度为 47.7。随后，进行了拓扑优化处理，其结果如图 2-5 所示。在优化后的结构中，柔度增加至 111.5。相比全固体材料填充的初始结构，刚度有所降低，但这一变化实现了轻量化设计的目标。在优化过程中，体积约束得到了有效控制，确保最终结构的体积分数维持在 30%。

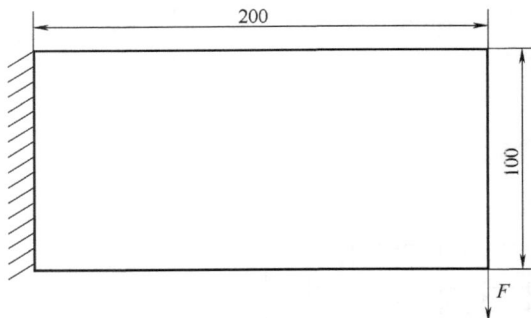

图 2-4　悬臂梁的设计域和边界条件　　　　图 2-5　优化后的悬臂梁

【算例 2】 图 2-6 所示为 L 梁的设计域和边界条件。结构的顶端完全约束，而其右上角承受垂直向下的力 F。为减轻应力集中的影响，该力被均匀分布于图中所示的六个节点。在拓扑优化过程中，过滤半径被设定为 3。优化的目标是最小化结构柔度，同时确保优化后结构的体积分数保持在 40%，并考虑应力约束。求解过程

采用 MMA（method of moving asymptotes）
求解器，迭代步长设置为 0.1。

在进行无应力约束、仅体积约束的拓
扑优化后，得到的结构及应力分布如图 2-7
所示。在此优化结果中，L 梁结构的最大应
力出现在拐点处，其 P 范数应力值达到
1.315。若将许用应力定为最大应力的 0.7
倍，即 0.921，再进行体积约束和应力约束
下的优化，得到的结果如图 2-8 所示。在此
优化结构中，L 梁的拐角处形成了过渡弧形
边界，这一设计显著改善了应力分布的均
匀性，有效地抑制了应力集中的现象。

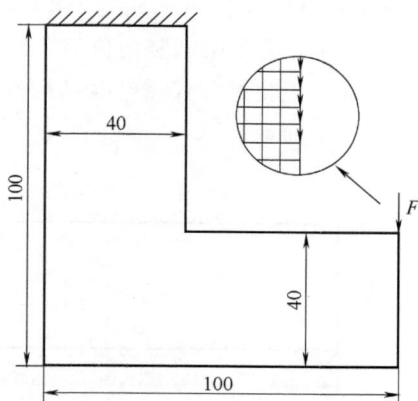

图 2-6 L 梁的设计域和边界条件

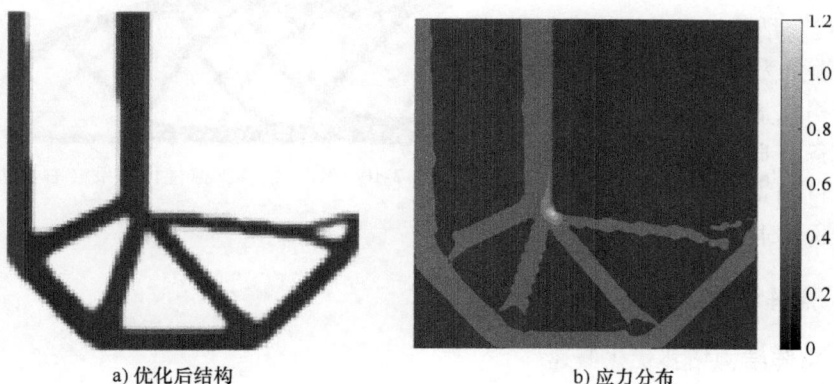

a) 优化后结构   b) 应力分布

图 2-7 体积约束优化后结构及应力分布

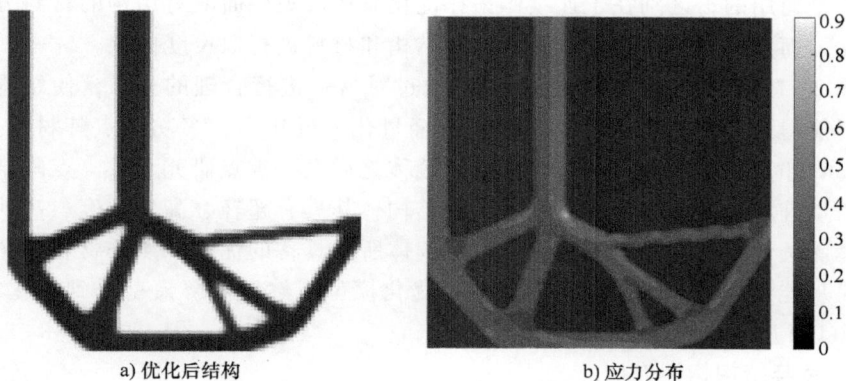

a) 优化后结构   b) 应力分布

图 2-8 体积约束和应力约束优化后结构及应力分布

【算例 3】 图 2-9 所示为 MBB 梁的设计域和边界条件。梁中央位置承受垂直向下的力 F。为了限制竖向位移,梁的两端被相应地支撑。鉴于梁结构的对称性边界条件,优化过程仅需针对结构的一半进行。在制订优化方案时,打印方向被选择为自下而上。

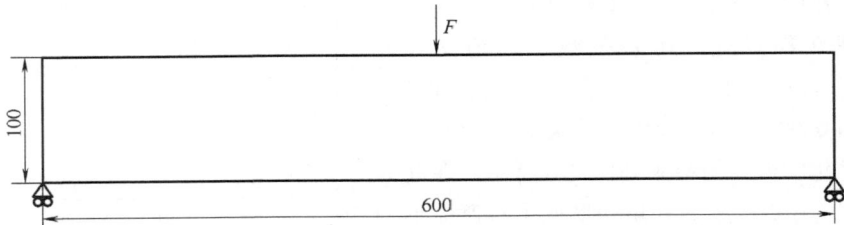

图 2-9 MBB 梁的设计域和边界条件

MBB 梁自支撑优化结果如图 2-10 所示。优化结果显示,结构内部形成了最大倾角为 45°的自支撑结构,确保了结构在满足力学性能要求的同时,具备了良好的自支撑特性,从而在增材制造过程中避免了额外的支撑结构需求。

图 2-10 MBB 梁自支撑优化结果（右半边）

2.1.3 点阵结构优化设计

1. 点阵结构拓扑优化概述

目前,拓扑优化主要以普通连续体和点阵材料为研究对象,这两者既有联系也区别。连续体结构拓扑优化和点阵材料的拓扑优化都属于拓扑优化领域,其优化算法是通用的,区别在于连续体拓扑优化只在宏观层面上对结构的材料分布进行优化,而点阵材料拓扑优化一般要对结构和材料进行双尺度优化。

图 2-11a 所示为连续体结构优化,通过对材料进行合理的分布,使结构各处的材料能得到充分的利用,同时使结构轻量化。近年来,多功能点阵材料（lattice material）的出现,使得其成为继连续体之后又一重点研究对象。点阵结构是一种由点阵单胞经过周期性排列形成的结构,其具有超轻、高比强度、高孔隙率和流体渗透性、减振吸能等诸多普通连续体所不具备的优点。点阵材料的拓扑优化也是从连续体设计域出发,通过建立优化模型,然后求解模型得到优化结果,如图 2-11b 所示。

2. 点阵结构构造方法

（1）简单二维三维参数化单胞 对于简单的二维三维单胞,可以使用 MAT-

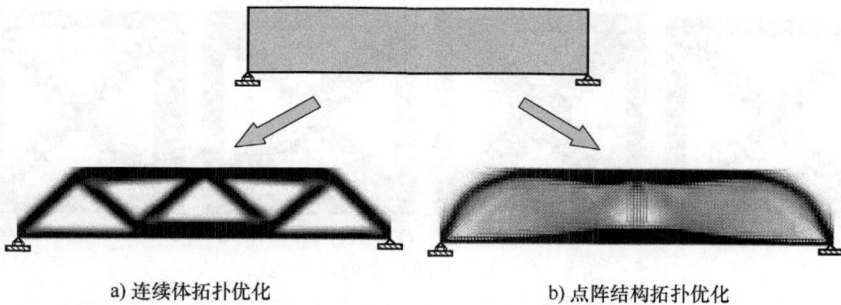

a) 连续体拓扑优化　　　　　　　　　　b) 点阵结构拓扑优化

图 2-11　结构拓扑优化的两种主要研究对象

LAB 进行矩阵运算，得到不同参数及形状的单胞构型。

　　通常使用的点阵结构是基于杆连接的、具有周期重复性的晶胞结构。通过定义一个单位正方形中顶点的位置及任意两个顶点之间连接关系（杆件）及杆的宽度，可以得到一个完整的点阵单胞结构描述。点阵单胞构型 MATLAB 程序如下：

```matlab
function [vox,density] = generate2dlattice(n,a,b,c,d)
n = 20;a = 1;b = 1;c = 1;d = 2;
xPhys = zeros(n,n);
%% a
xPhys(1:1+a,:) = 1;
xPhys(n-a:n,:) = 1;
%% b
xPhys(:,1:1+b) = 1;
xPhys(:,n-b:n) = 1;
%% c+d
for j = 1:n
for i = 1:n
ii = i-0.5;jj = j-0.5;
if (ii+jj>=n-c&&ii+jj<=n+c)||(ii-jj>=-d&&ii-jj<=d)
xPhys(j,i) = 1;
end
end
end
```

　　通过上述 MATLAB 程序可以得到一个参数化的点阵单胞构型，该点阵结构通过改变 a、b、c、d 四个参数改变其结构，其他不同形状点阵结构可以自行定义扩展。图 2-12 所示为通过 MATLAB 矩阵计算构建的具有不同杆宽的单胞构型。

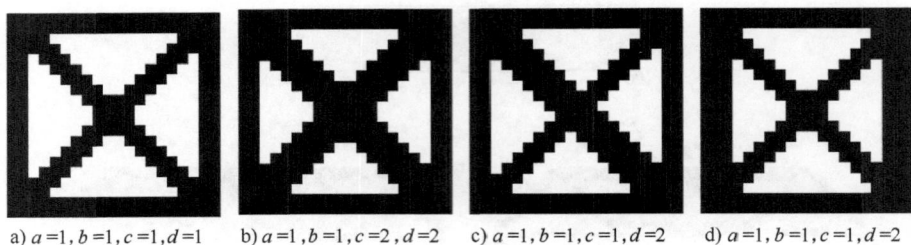

a) $a=1,b=1,c=1,d=1$ b) $a=1,b=1,c=2,d=2$ c) $a=1,b=1,c=1,d=2$ d) $a=1,b=1,c=1,d=2$

图 2-12　具有不同杆宽的单胞构型

（2）较复杂点阵单胞建模　通过对几何模型进行体素化，可以得到体素模型。Dong 等学者提出了一种基于简明 MATLAB 代码的三维蜂窝材料数值均匀化方法，通过定义单元格拓扑的线框脚本格式，提出体素生成算法以生成体素模型，并计算了由实体和孔隙材料组成的均匀化本构矩阵，还将均匀化代码扩展到多材料蜂窝结构和热导率问题。结果表明，不同拓扑结构展现出不同程度的各向异性弹性特性，且蜂窝材料的各向异性可通过调整材料组合来控制。通过调用已有的节点信息，并将其可视化，可得到常见的三维单胞构型。图 2-13 所示为通过调用上述 MATLAB 代码构建出的具有不同支柱半径 R 的立方体点阵单胞构型。

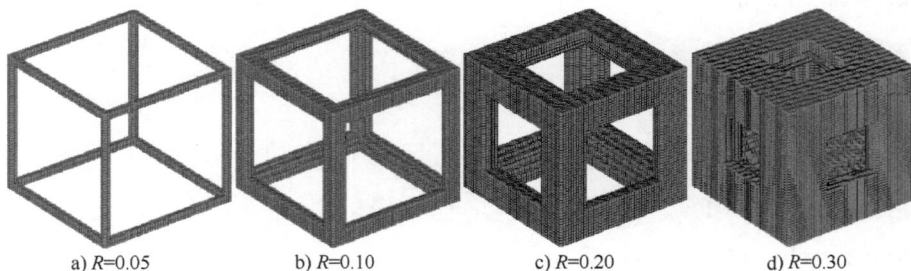

a) $R=0.05$ b) $R=0.10$ c) $R=0.20$ d) $R=0.30$

图 2-13　具有不同支柱半径 R 的立方体点阵单胞构型

3. 单胞等效力学性能计算

点阵结构弹性力学一般问题如图 2-14 所示。

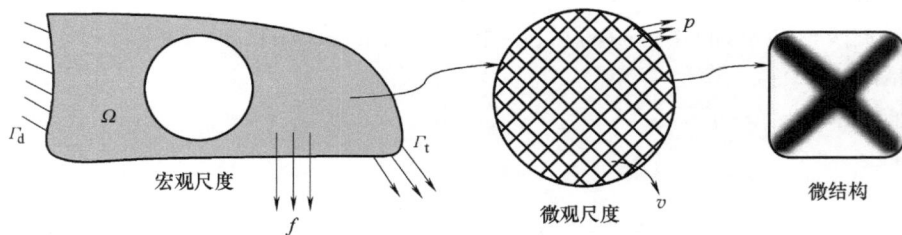

图 2-14　点阵结构弹性力学一般问题

注：$\varGamma_d$ 表示施加位移边界条件的区域；$\varOmega$ 表示宏观区域；$\varGamma_t$ 表示边界；f 表示作用在边界上的外载荷；p 表示微观单元中某点 p 处的位移场；v 表示虚拟位移。

从能量均匀化理论出发，以有限元计算为载体，周期性点阵单胞的等效弹性张量可表示为

$$D_{ij}^H = \frac{1}{|Y|} \sum_{e=1}^{n} (u_e^{A(i)})^\mathrm{T} k_e u_e^{A(j)} \qquad (2\text{-}19)$$

式中　　　D_{ij}^H——均匀化等效的弹性张量元素；

　　　　　$|Y|$——2D/3D 代表性点阵单胞的面积/体积；

　　　　　　n——离散单胞所用的有限单元数目；

$u_e^{A(i)}$、$u_e^{A(j)}$——单元测试应变场对应的单元位移解；

　　　　　k_e——单元刚度矩阵。

通过均匀化方法计算出的不同单胞构型的等效弹性矩阵见表 2-1。

表 2-1　不同单胞构型等效弹性矩阵

单胞的相对密度 ρ	单胞构型	等效刚度矩阵
0.05		$\begin{bmatrix} 1.36 & 0.03 & 0.03 & 0 & 0 & 0 \\ 0.03 & 1.36 & 0.03 & 0 & 0 & 0 \\ 0.03 & 0.03 & 1.36 & 0 & 0 & 0 \\ 0 & 0 & 0 & 0.05 & 0 & 0 \\ 0 & 0 & 0 & 0 & 0.05 & 0 \\ 0 & 0 & 0 & 0 & 0 & 0.05 \end{bmatrix}$
0.10		$\begin{bmatrix} 7.06 & 0.37 & 0.37 & 0 & 0 & 0 \\ 0.37 & 7.06 & 0.37 & 0 & 0 & 0 \\ 0.37 & 0.37 & 7.06 & 0 & 0 & 0 \\ 0 & 0 & 0 & 0.14 & 0 & 0 \\ 0 & 0 & 0 & 0 & 0.14 & 0 \\ 0 & 0 & 0 & 0 & 0 & 0.14 \end{bmatrix}$
0.20		$\begin{bmatrix} 30.11 & 3.58 & 3.58 & 0 & 0 & 0 \\ 3.58 & 30.11 & 3.58 & 0 & 0 & 0 \\ 3.58 & 4.51 & 30.11 & 0 & 0 & 0 \\ 0 & 0 & 0 & 2.77 & 0 & 0 \\ 0 & 0 & 0 & 0 & 2.77 & 0 \\ 0 & 0 & 0 & 0 & 0 & 2.77 \end{bmatrix}$
0.30		$\begin{bmatrix} 76.18 & 15.70 & 15.70 & 0 & 0 & 0 \\ 15.70 & 76.18 & 15.70 & 0 & 0 & 0 \\ 15.70 & 15.70 & 76.18 & 0 & 0 & 0 \\ 0 & 0 & 0 & 15.59 & 0 & 0 \\ 0 & 0 & 0 & 0 & 15.59 & 0 \\ 0 & 0 & 0 & 0 & 0 & 15.59 \end{bmatrix}$

4. 点阵单胞的参数化属性建模

建立点阵单胞本构属性的参数化数学模型，即点阵单胞等效弹性属性与其相对密度参数（ρ）之间的数学关系。具体做法是，确定点阵单胞在不同相对密度下的一组样本，通过均匀化计算得到该组样本的等效弹性矩阵 $\boldsymbol{D}^L$。这里，点阵单胞的本构模型以正交各向异性为假设，因此其等效弹性矩阵中存在 9 个独立的常数。为表述方便，将这 9 个独立常数记为

$$\boldsymbol{D}^L = \begin{bmatrix} D_{11}^L & D_{12}^L & D_{13}^L & 0 & 0 & 0 \\ D_{21}^L & D_{22}^L & D_{23}^L & 0 & 0 & 0 \\ D_{31}^L & D_{32}^L & D_{33}^L & 0 & 0 & 0 \\ 0 & 0 & 0 & D_{44}^L & 0 & 0 \\ 0 & 0 & 0 & 0 & D_{55}^L & 0 \\ 0 & 0 & 0 & 0 & 0 & D_{66}^L \end{bmatrix} \tag{2-20}$$

进一步地，基于最小二乘法，建立点阵单胞本构参数相对其密度参数的数学拟合模型。下式是采用五次函数建立的数学拟合关系：

$$D_{ij}^L = a_1\rho^5 + a_2\rho^4 + a_3\rho^3 + a_4\rho^2 + a_5\rho + a_6 \tag{2-21}$$

式中　　　D_{ij}^L——等效弹性矩阵常数；

$a_i(i=1\sim6)$——由多个样本点数据拟合得到的系数。

5. 点阵结构优化流程

（1）优化问题定义　最小化结构柔度是点阵结构拓扑优化的常用目标函数。在规定的约束和边界条件下，寻找使结构整体应变能最小（对应最大化结构刚度）的设计变量分布。优化问题的目标函数可以写为

$$C = \boldsymbol{F}^{\mathrm{T}}\boldsymbol{U} \tag{2-22}$$

式中　C——宏观结构的整体柔度；

$\boldsymbol{U}$——宏观结构的全局位移；

$\boldsymbol{F}$——宏观结构的载荷向量。

宏观结构的整体刚度矩阵 $\boldsymbol{K}$ 可由单元刚度矩阵 $\boldsymbol{K}_E$ 拼装得到，即

$$\boldsymbol{K} = \sum_{E=1}^{N} \boldsymbol{K}_E = \sum_{E=1}^{N} \int_{\Omega_E} \boldsymbol{B}^{\mathrm{T}} \boldsymbol{D}^L \boldsymbol{B} \mathrm{d}\Omega_E \tag{2-23}$$

式中　N——宏观结构的有限单元数目；

Ω_E——单元内设计域；

$\boldsymbol{B}$——应变-位移关系矩阵。

优化问题的数学模型表达如下：

$$\begin{cases} \text{find}: \widetilde{\boldsymbol{x}} = \left[\rho_1, \rho_2, \cdots, \rho_N\right]^{\mathrm{T}}, \\[2mm] \min: C = \boldsymbol{U}^{\mathrm{T}} \boldsymbol{K} \boldsymbol{U} = \sum_{E=1}^{N} \boldsymbol{U}_E^{\mathrm{T}} \boldsymbol{K}_E \boldsymbol{U}_E, \\[2mm] \text{s. t.}: \begin{cases} \boldsymbol{F} = \boldsymbol{K} \boldsymbol{U} \\[1mm] \dfrac{V}{V_0} = \dfrac{1}{N} \sum_{E=1}^{N} \rho_E \leqslant f, \\[1mm] 0.1 \leqslant \rho_E \leqslant 0.4, E = 1, 2, \cdots, N. \end{cases} \end{cases} \tag{2-24}$$

式中　$\widetilde{\boldsymbol{x}}$——设计变量的集合；

V——优化过程中的结构体积；

V_0——优化过程中的设计域体积；

f——结构体积分数上限。

利用 MMA 方法（MMA 是一种常用的优化方法）求解优化问题式（2-24）。因此，目标函数和约束函数关于设计变量的灵敏度信息将作为优化求解器的必要输入。

（2）灵敏度推导　目标函数关于设计变量的灵敏度，即导数，如 $\dfrac{\delta C}{\delta \rho_E}$ 可由下式计算：

$$\frac{\delta C}{\delta \rho_E} = 2 \boldsymbol{U}^{\mathrm{T}} \boldsymbol{K} \frac{\partial \boldsymbol{U}}{\partial \rho_E} + \boldsymbol{U}^{\mathrm{T}} \frac{\partial \boldsymbol{K}}{\partial \rho_E} \boldsymbol{U} \tag{2-25}$$

对平衡方程 $\boldsymbol{K} \boldsymbol{U} = \boldsymbol{F}$ 两边取导数：

$$\frac{\partial \boldsymbol{K}}{\partial \rho_E} \boldsymbol{U} + \boldsymbol{K} \frac{\partial \boldsymbol{U}}{\partial \rho_E} = \frac{\partial \boldsymbol{F}}{\partial \rho_E} \tag{2-26}$$

由式（2-26）可以推导出如下表达式：

$$\frac{\partial \boldsymbol{U}}{\partial \rho_E} = \boldsymbol{K}^{-1} \left(\frac{\partial \boldsymbol{F}}{\partial \rho_E} - \frac{\partial \boldsymbol{K}}{\partial \rho_E} \boldsymbol{U} \right) \tag{2-27}$$

显然，宏观预定加载对于设计变量的导数为 0，即 $\dfrac{\partial \boldsymbol{F}}{\partial \rho_E} = 0$。将式（2-27）代入式（2-25）可得

$$\frac{\partial C}{\partial \rho_E} = -\boldsymbol{U}^{\mathrm{T}} \frac{\partial \boldsymbol{K}}{\partial \rho_E} \boldsymbol{U} \tag{2-28}$$

结合式（2-23），目标函数关于设计变量 ρ_E 的灵敏度可以进一步表示为

$$\frac{\partial C}{\partial \rho_E} = -\boldsymbol{U}_E^{\mathrm{T}} \frac{\partial \boldsymbol{K}_E}{\partial \rho_E} \boldsymbol{U}_E = -\boldsymbol{U}_E^{\mathrm{T}} \left(\int_{\Omega_E} \boldsymbol{B}^{\mathrm{T}} \frac{\partial \boldsymbol{D}^L}{\partial \rho_E} \boldsymbol{B} \mathrm{d}\Omega_E \right) \boldsymbol{U}_E \tag{2-29}$$

式中，$\dfrac{\partial \boldsymbol{D}^L}{\partial \rho_E}$ 可由弹性矩阵常数与设计变量的定量关系计算得

$$\frac{\partial \boldsymbol{D}^L}{\partial \rho_E} = \begin{bmatrix} \partial D_{11}^L/\partial \rho_E & \partial D_{12}^L/\partial \rho_E & \partial D_{13}^L/\partial \rho_E & 0 & 0 & 0 \\ \partial D_{12}^L/\partial \rho_E & \partial D_{22}^L/\partial \rho_E & \partial D_{23}^L/\partial \rho_E & 0 & 0 & 0 \\ \partial D_{13}^L/\partial \rho_E & \partial D_{23}^L/\partial \rho_E & \partial D_{33}^L/\partial \rho_E & 0 & 0 & 0 \\ 0 & 0 & 0 & \partial D_{44}^L/\partial \rho_E & 0 & 0 \\ 0 & 0 & 0 & 0 & \partial D_{55}^L/\partial \rho_E & 0 \\ 0 & 0 & 0 & 0 & 0 & \partial D_{66}^L/\partial \rho_E \end{bmatrix}$$

$$(2\text{-}30)$$

式中，$\dfrac{\partial D_{ij}^L}{\partial \rho_E}$ 可基于等效弹性属性插值关系式（2-21）得到，而结构体积对设计变量 ρ_E 的灵敏度可通过下式求得

$$\frac{\partial V}{\partial \rho_E} = \frac{1}{N} \frac{\partial \rho_E^L}{\partial \rho_E} \qquad (2\text{-}31)$$

（3）数值实现流程　所提出设计方法的数值实现流程如图 2-15 所示，分为

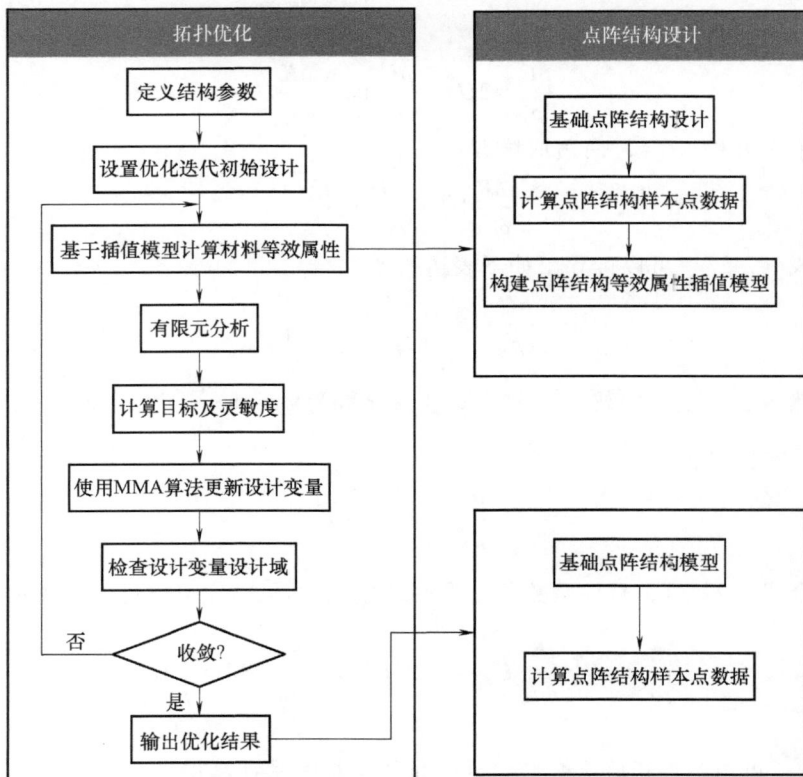

图 2-15　数值实现流程

三个阶段：点阵结构等效属性插值模型的构建、点阵结构拓扑优化、STL 模型生成。

在第一阶段，构建设计基础点阵结构，然后，采用多项式拟合的方法对点阵结构的等效属性进行参数化建模。

在第二阶段，建立点阵结构优化数学模型并基于灵敏度信息，实施点阵结构填充的拓扑优化，以获得点阵结构在宏观结构中的最优分布。

在最后一个阶段，根据优化结果，从预先建立的基础点阵结构构型数据库中选取基础点阵结构模型，重建每个点阵结构，最后通过装配候选点阵结构的三维二进制矩阵来生成模型。

6. 后处理

为了更好地展示最终优化结构的细节，清晰地看出其点阵结构的分布，需要根据优化结果，从预先建立的基础点阵单胞构型数据集中选取基础点阵模型，重建每个点阵单胞，而后通过装配点阵单胞的三维二进制矩阵来生成模型。图 2-16 所示为后处理流程（其中 x005 表示支柱半径为 0.05 的单胞的三维二进制矩阵，以此类推）。图 2-17 所示为点阵结构拓扑优化的结果及可视化 STL 模型。该图中所展示的设计结果网格较少，大小为 20×10×5，可以直接调用 phi2st. m 文件生成 STL 模型。如果网格数量多，则需要分层提取设计结果的密度矩阵，生成 STL 模型切片，最后再进行组装。

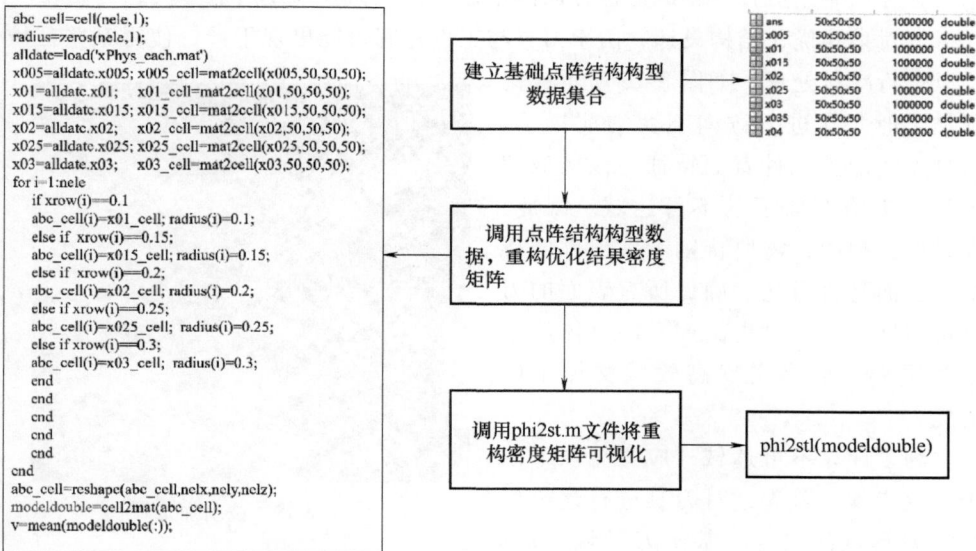

图 2-16　后处理流程

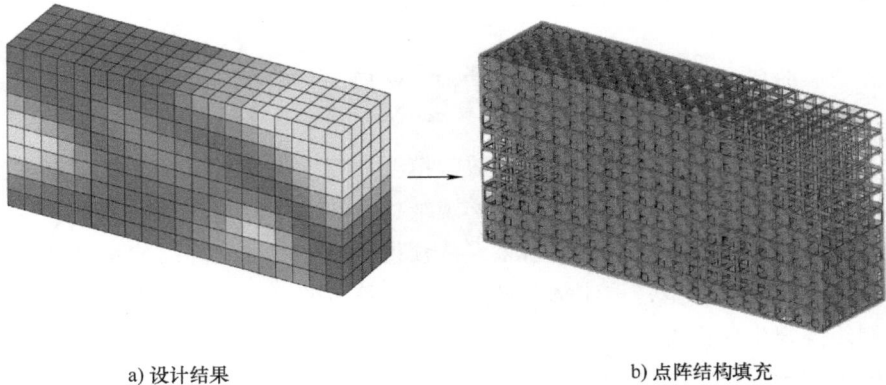

a) 设计结果　　　　　　　　　　　　　　　　　b) 点阵结构填充

图 2-17　点阵结构拓扑优化的结果及可视化 STL 模型

2.2　减材数字化设计

增材制造技术在零件制作过程中，常常面临表面质量差和几何精度不足等问题，这些问题限制了拓扑优化零部件在航空航天、汽车制造、船舶工业等对质量要求极高的应用场景中的广泛应用。与此同时，减材制造由于其较高的加工精度而被广泛采用。近年来，将增材制造与减材制造相结合，通过增减材复合制造技术来弥补单一制造技术在成形性方面的不足，已成为技术发展的一大趋势。

针对拓扑优化结构设计，由于刀具与工件之间可能出现干涉，使得某些区域难以进行减材处理。如图 2-18 所示，铣削加工时，在进刀方向不变的前提下，刀具无法加工工件背面特征，该区域即为指定进给方向下的不可达域。因此，在设计过程中，需要特别考虑工件的待加工表面是否可达。确保所有表面的刀具可达性，不仅对提高产品的整体质量至关重要，也是实现高效减材加工的前提。

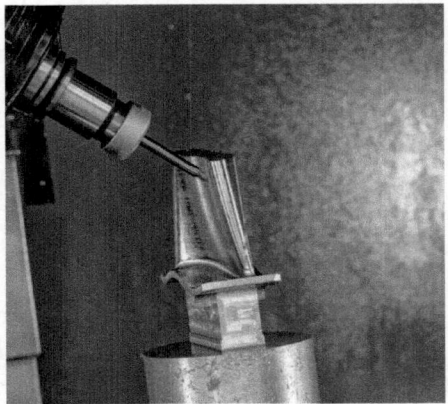

图 2-18　铣削加工

为了计算不可达域，应遵循以下两个主要步骤：首先，对刀具进行建模以确定刀具域的尺寸。基于刀具域（$m\times n$）和工件域（$p\times q$）的尺寸，扩展设计域至（$m+p-1$）×（$n+q-1$）的大小，这一扩展确保刀具域能够完整地进入工件域，从而保证卷积计算的完整性，并确保最终得到的卷积结果尺寸为（$p \times q$）。接着，对工件域 x 进行卷积计算，如图 2-19 所示。计算完成后得到碰撞域 ξ。在碰撞域中，非零的单元都表示刀具在移动到该位置时会与工件产生碰撞。因此，不可达域 ϵ 可以通过以下表达式确定：

$$\epsilon = \xi - x \cdot \xi \tag{2-32}$$

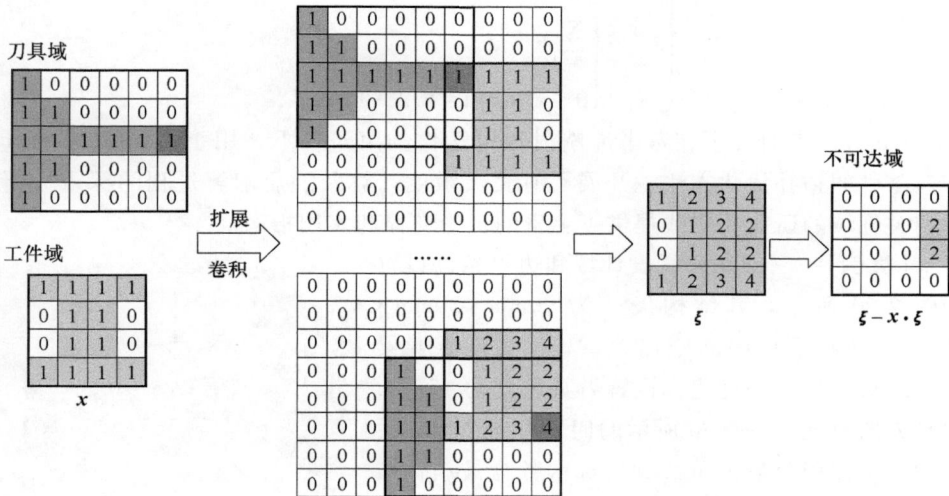

图 2-19　不可达域计算过程

通过这种方法，能够精确地识别出那些刀具无法到达的区域，从而在设计和制造过程中进行相应的调整和优化。在考虑加工方向时，以刀尖为原点旋转刀具矩阵 T，得到 $T_r (r = 1, 2, \cdots, n)$。获得切点位置和 T_r 后，可以按照图 2-19 所示的过程计算每个方向刀具的不可达域 $\epsilon_m (m = 1, 2, \cdots, M)$；然后应用 P 范数聚合得到最终不可达区域。按式（2-33）进行求交运算，P 取 -12。

$$\bar{\epsilon} = \left(\frac{1}{M} \sum_{m=1}^{M} \epsilon_m^P \right)^{\frac{1}{P}} \tag{2-33}$$

当 $\bar{\epsilon}$ 为零矩阵时，意味着设计域内的任何位置都是刀具可达的。因此，可以在拓扑优化模型中定义减材加工约束，即

$$\sum_{e=1}^{n} \bar{\epsilon} = 0 \tag{2-34}$$

为方便代入 MMA 求解器，将该等式约束转换为不等式形式得

$$\sum_{e=1}^{n} \bar{\epsilon} \leqslant \varepsilon \tag{2-35}$$

式中，ε 为一接近 0 的正数。至此得到了减材刀具可达性约束，面向减材的结构

拓扑优化问题可以描述为

$$\begin{cases} \text{find}: \boldsymbol{x} = \left[x_1, x_2, \cdots, x_n \right]^{\mathrm{T}} \\ \text{min}: C(x_i) = \boldsymbol{U}^{\mathrm{T}} \boldsymbol{K} \boldsymbol{U} = \sum_{i=1}^{n} \boldsymbol{u}_i^{\mathrm{T}} \boldsymbol{k}_i \boldsymbol{u}_i \\ \text{s. t.}: \begin{cases} \boldsymbol{F} = \boldsymbol{K} \boldsymbol{U} \\ \sum_{e=1}^{n} \bar{\boldsymbol{\epsilon}} \leq \varepsilon \\ 0 \leq x_i \leq 1, i = 1, 2, \cdots, n \end{cases} \end{cases} \quad (2\text{-}36)$$

Liu 等学者研究了在考虑冲洗射流可达性约束条件下，用于光固化 3D 打印陶瓷零件的拓扑优化方法，开展了有关灵敏度计算及随后求解过程的深入分析，为相关领域的研究和实践提供了宝贵的理论支撑和实用指南。

【算例】 三维悬臂梁设计域和边界条件设置如图 2-20 所示。其结构尺寸为 90mm×30mm×30mm，在右下角中间施加力 F。若对该悬臂梁进行减材约束拓扑优化，设置刀具长度为 15mm，刀具方向只能为图 2-20 所示的四个方向，优化后结构保留体积分数为 40%，目标函数为最小化结构柔度。

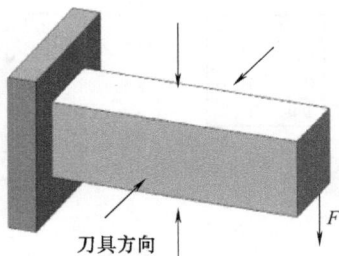

图 2-20　三维悬臂梁设计域和边界条件设置

拓扑优化最终得到的结构如图 2-21 所示，刀具可以通过上述四个方向与工件的全部面接触，即工件全部面均实现刀具可达。

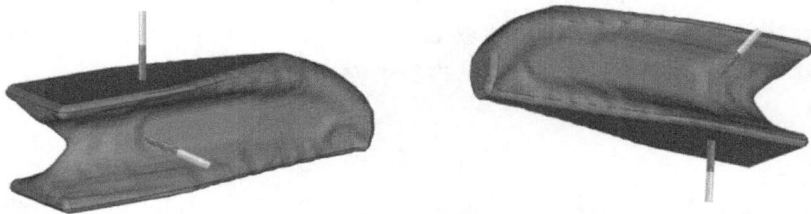

图 2-21　三维悬臂梁优化后结构

2.3　基于 ANSYS-APDL+MATLAB 的拓扑优化实践

本节主要介绍 MATLAB 与 ANSYS 联合对较复杂的空心圆柱结构进行拓扑优化的步骤与方法，具体采用 APDL 命令流的方式调用 ANSYS 软件。

2.3.1　建立分析模型

采用 SolidWorks，创建外径为 ϕ50mm，内径为 ϕ45mm，高度为 100mm 的空心圆柱，其有限元分析力学模型如图 2-22 所示。空心圆柱的弹性模量 E = 1MPa，泊松比 μ = 0.3，如图 2-23 所示。选用 ANSYS 软件中的 SOLID185 单元或者 SOL-SH190 单元进行分析，如图 2-24 所示。

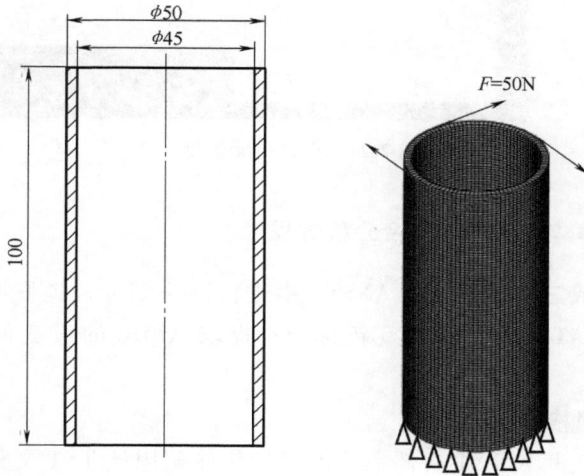

图 2-22　空心圆柱的有限元分析力学模型

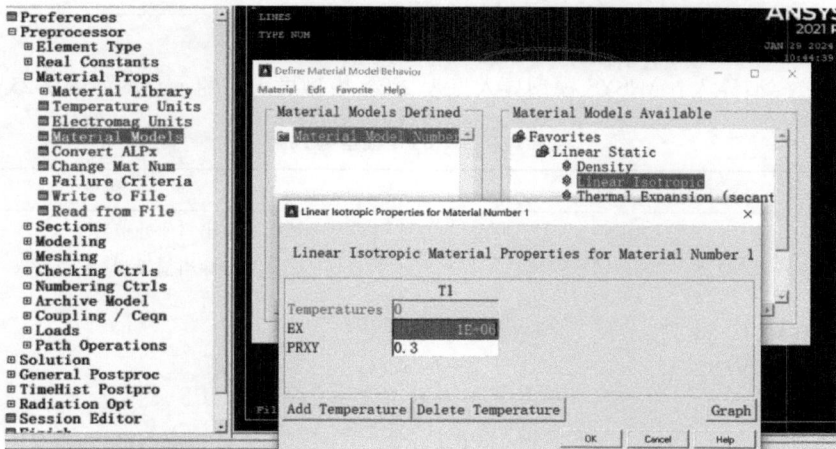

图 2-23　设置材料

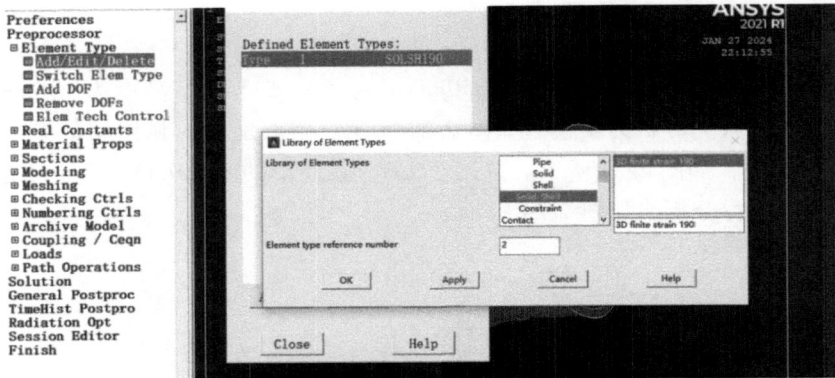

图 2-24　设置单元类型

2.3.2　MATLAB 与 ANSYS 联合分析过程

分析过程分成三个步骤：在 ANSYS 中进行网格划分，提取网格信息；对划分好的网格在 MATLAB 中进行重新排列；提取 APDL 的应变能场，以支持优化迭代。

1. ANSYS 网格划分

将以下命令流写入 TXT 文件中，进行优化前调用该 TXT 文件提取出所需的网格信息，命令流写入 TXT 文件程序如下：

```
fid = fopen( strcat( 文件所在位置 ,'文件名称') ,' w ');
fprintf( fid ,'内容 \n ');
```

其命令流如下：

（1）模型导入　ANSYS 模型导入见表 2-2。模型导入后的示意图如图 2-25 所示。

表 2-2　ANSYS 模型导入

程序	注释
FINISH	！退出当前处理器
/CLEAR , NOSTART	！清除当前设置，重新进入一个新的分析
/INPUT , MENUST , TMP ,'	
/GRAPHICS , POWER	
/GST , ON	
/PLO , INFO , 3	
/GROPT , CURL , ON	
/CPLANE , 1	

（续）

程序	注释
/REPLOT,RESIZE	
WPSTYLE,,,,,,,,0	
~PARAIN,'yuanzhu','x_t','C:\Users\dell\Desktop\fan'	！将模型导入 APDL 中
,SOLIDS,0,0	
/NOPR	
/GO	
/PREP7	！进入前处理器
ET,1,SOLSH190	！选取单元 SOLSH190
MAT,1	！定义 1 号材料
MP,EX,1,1000000	！设置材料的弹性模量
MP,PRXY,1,0.3	！设置材料的泊松比

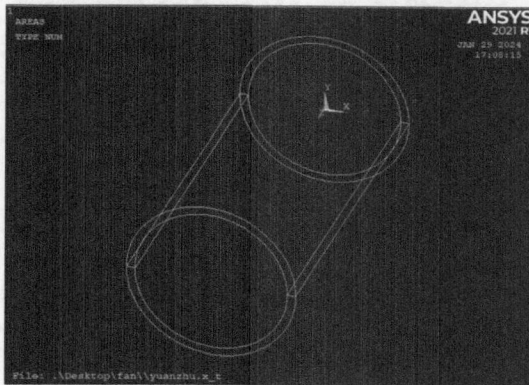

图 2-25　模型导入后示意图

（2）对模型网格划分　ANSYS 模型网格划分见表 2-3。模型网格划分后示意图如图 2-26 所示。

表 2-3　ANSYS 模型网格划分

程序	注释
vsel,all	！对所有的体选择
aslv,s,1	！选择体上的所有面
lsla,s,1	！选择面上的所有线
lsel,s,line,,9	！选中线段 9
lsel,a,line,,10	
lsel,a,line,,11	
lsel,a,line,,12	
lsel,a,line,,13	
lsel,a,line,,14	

（续）

程序	注释
lsel,a,line,,15	
lsel,a,line,,16	
cm,ll1,line	! 将所选线生成一个组件
lesize,ll1,,,50,,,,0	! 将组件中所有的线段划分成 50 段
vsweep,1	! 对体 1 进行网格划分
vsweep,2	! 对体 2 进行网格划分
vsel,all	
esel,all	
nsle,all	

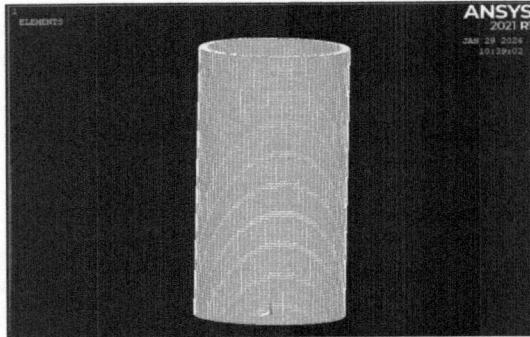

图 2-26　模型网格划分后示意图

（3）提取网格信息　节点坐标信息、单元信息存储到 TXT 文件中，网格信息提取程序见表 2-4。

表 2-4　网格信息提取程序

程序	注释
*dim,Globalcoor,array,Totalnum,3	! 定义一个矩阵存放所有节点的坐标
*vget,Globalcoor(1,1),node,,loc,x	! 获取所有节点的 x 坐标
*vget,Globalcoor(1,2),node,,loc,y	
*vget,Globalcoor(1,3),node,,loc,z	
*cfopen,Globalcoor,txt	! 将节点坐标存放到 TXT 文件中
*vwrite,Globalcoor(1,1),Globalcoor(1,2),Globalcoor(1,3)	! TXT 文件中分别写入节点的 x、y、z 坐标信息
(2f10.5,2f10.5,2f10.5)	! 坐标信息在 TXT 中的显示格式
*cfclos	! 关闭 TXT 文件

2. 网格序号重组

ANSYS 自动生成的网格编号是无序的，不利于后续的优化工作。因此，需要对调用的无序网格进行重组。单元编号重组程序见表 2-5。在 MATLAB 中，通过调用单元的节点编号确定出相邻单元的单元编号，如图 2-27、图 2-28 所示。

表 2-5　单元编号重组程序

程序	注释

nele = size(elelist,1);
connect_list = zeros(nele,4);
for i = 1:nele
	%用于存放重组后的单元序号

[temp,~]=find(elelist(:,1)==elelist(i,4));	%单元 i 的局部 4 号点与某单元的 1 号点相同，则此单元在单元 i 的上方
if ~isempty(temp) 　　　connect_list(i,1) = temp; 　end	%存放在矩阵的第一列
[temp,~]=find(elelist(:,1)==elelist(i,5));	%单元 i 的局部 5 号点与某单元的 1 号点相同，则此单元在单元 i 的左侧
if ~isempty(temp) 　　　connect_list(i,2) = temp; 　end	%存放在矩阵的第二列
[temp,~]=find(elelist(:,4)==elelist(i,1));	%同上述
if ~isempty(temp) 　　　connect_list(i,3) = temp; 　end	%存放在矩阵的第三列
[temp,~]=find(elelist(:,5)==elelist(i,1));	%同上述
if ~isempty(temp) 　　　connect_list(i,4) = temp; 　end end	%存放在矩阵的第三列

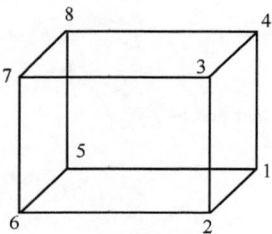

图 2-27　单元的局部编号

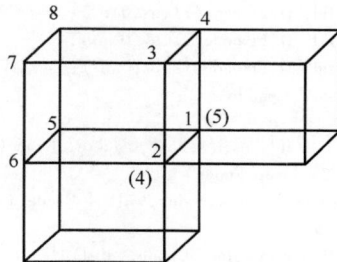

图 2-28　上下左右关系

3. 模型在 ANSYS 中重构求解

因为拓扑优化对单元材料的基本属性进行了密度插值，所以需要在每个迭代对单元进行重新材料赋值，并设置边界条件后求解。

（1）对模型重构 模型重构程序见表 2-6。

表 2-6 模型重构程序

程序	注释

`for i = 1:nnode`
`fprintf(fid,'N,%d,%G,%G,%G\n',i,nodelist(i,1),nodelist(i,2),nodelist(i,3));`
`end`
	%依次构建出模型的节点

`fprintf(fid,'ET,1,SOLSH190\n');`	%设置单元类型
`for i = 1:nele` `fprintf(fid,'MP,EX,%d,%G\n',i,E(i));`	%赋弹性模量
`fprintf(fid,'MP,PRXY,%d,%G\n',i,nu);`	%赋泊松比
`fprintf(fid,'type,1\n mat,%d\n esys,0\n',i);`	%针对每个单元定义材料
`fprintf(fid,'e,%d,%d,%d,%d,%d,%d,%d,%d\n',elelist(i,1),elelist(i,2),elelist(i,3),elelist(i,4),elelist(i,5),elelist(i,6),elelist(i,7),elelist(i,8));` `end`	%根据节点构建单元

（2）设置边界条件 边界条件设置程序见表 2-7。施加边界载荷后示意图如图 2-29 所示。

表 2-7 边界条件设置程序

程序	注释

`fprintf(fid,'*dim,Fixnode,array,%d,1\n',numel(Fixnode));`
`for i = 1:numel(Fixnode) % 写入 fixnode`
`  fprintf(fid,'Fixnode(%d)=%d\n',i,Fixnode(i));`
`end`
`fprintf(fid,'*do,i,1,%d\n',numel(Fixnode));`
	%固支

`fprintf(fid,'D,Fixnode(i),ux,0\n');`
`fprintf(fid,'D,Fixnode(i),uy,0\n');`
`fprintf(fid,'D,Fixnode(i),uz,0\n');`
`fprintf(fid,'*enddo\n');`	

`    fprintf(fid,'nsel,s,node,,%d\n',Fnode(1));`
`for i = 2:numel(Fnode)`
`  fprintf(fid,'nsel,a,node,,%d\n',Fnode(i));`
`end`
`fprintf(fid,'*vget,fnode,node,,nlist\n');`
`fprintf(fid,'csys,1\n');`
`fprintf(fid,'NROTAT,all\n');`
`fprintf(fid,'*do,jj,1,%d\n',numel(Fnode));`
`fprintf(fid,'F,fnode(jj),fy,50\n');`
`fprintf(fid,'*enddo\n');`
	%施加载荷

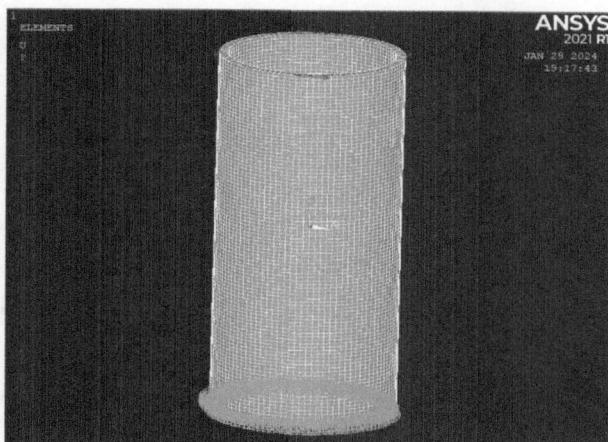

图 2-29　施加边界载荷后示意图

（3）求解　求解程序见表 2-8。求解后的模型应变能场如图 2-30 所示。

表 2-8　求解程序

程序	注释
fprintf(fid,' ALLSEL, ALL\n/solu\nANTYPE,0\n') ;	%设置求解器
fprintf(fid,' solve\n') ;	%求解,提取应变能信息

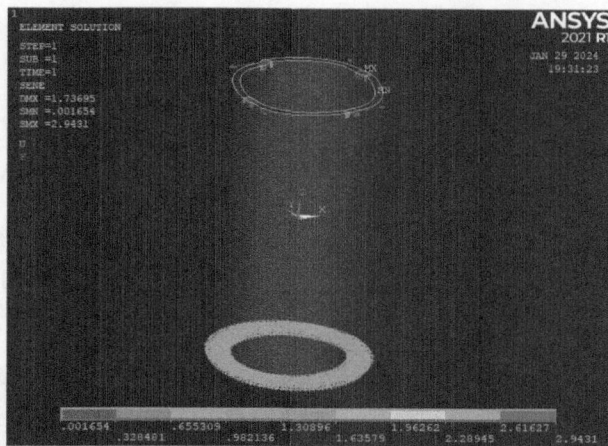

图 2-30　求解后的模型应变能场

上述命令流写入指定的 TXT 文件中，优化过程中每次迭代需要 APDL 调用 TXT 文件中的命令流生成应变能信息。

4. MATLAB 中实现优化

（1）MATLAB 调用 ADPL 命令流　设置 APDL 的路径信息程序见表 2-9。

表 2-9　设置 APDL 的路径信息程序

程序	注释
address = ' C : \ Users \ dell \ Desktop \ fan \ apdlwork \' ;	%设置命令流的存放位置
Workdir = strcat(address ,' result \') ;	%设置结果的存放路径
Workdir1 = strcat(address ,' Displacement \') ;	%设置结果的存放路径
ansysV =''' D : \ ansysanzhaung \ ANSYS	%ANSYS 的求解器位置
Inc \v211 \ansys \bin \winx64 \ANSYS211. exe''' ;	
Emesh(nelx , nely , nelz , address , E0 , nu) ;	%APDL 分析网格单元结构
cd(Workdir) ;	%更改了工作目录,以及生成的 txt 文件地址
Readfile = strcat(address ,' command. txt ') ;	
Outputfile = strcat(Workdir ,' 1. out ') ;	
command = [ansysV ,' -b ',' -i ', Readfile ,' -o ', Outputfile] ;	
status = system(command) ;	%执行

注：Emesh（nelx，nely，nelz，address，E0，nu）为一个包含 2.3.1 小节所述命令流的子函数,其中包括对结构网格划分、提取单元节点信息的 APDL 命令流。

（2）优化　每次优化需要调用提取 APDL 生成的应变能 C，基于应变能推导出灵敏度 dC。

$$dC = \frac{Cpx_e^{p-1}(E_0 - E_{min})}{E(x_e)} \qquad (2\text{-}37)$$

式中　C——结构应变能；

　　　p——惩罚因子；

　　　x_e——单元 e 的单元密度；

　　　E_0——材料的弹性模量；

　　　E_{min}——人为规定的最小弹性模量；

　　　$E(x_e)$——单元 e 的等效弹性模量。

后续的优化与前述内容相似,最终可得到空心圆柱优化后的密度场平面展开图和应变能场展开图,如图 2-31、图 2-32 所示。最终优化后的结构如图 2-33 所示。

图 2-31　优化后的密度场平面展开图

图 2-32　优化后的应变能场展开图

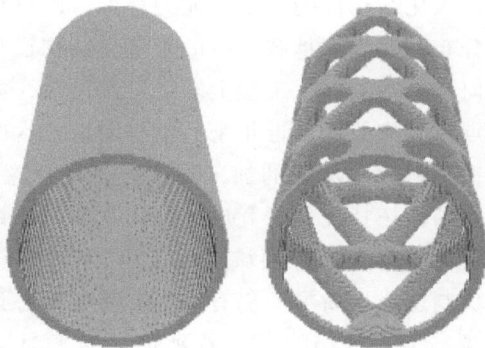

图 2-33　最终优化后的结构

2.4　面向增减材复合制造的数字化设计思考

　　增减材复合制造融合金属增材制造技术和计算机数控切削加工技术，一次装夹可实现多特征、多形面的增减一体制造，显著提升加工效率，在加工性能上解决了增材制造成形精度低、表面质量差的难题，弥补了计算机数控切削加工刀具可达性差、材料利用率低等不足。因此，增减材复合制造能实现"1+1>2"的制造效能提升，可推动轻量化、复杂曲面零件创新设计的发展，在航空航天、核能、石油、生物医药等国民经济重要领域有广阔的应用前景。在中国工程院发布的《全球工程前沿 2020》报告中，增减材复合制造方法被列为前十位的工程研究前沿。

　　增减材复合制造技术尽管性能卓越，但设备造价昂贵，且加工环境中共存有切削液、切屑、金属粉尘等介质，导致设备的运维成本高。考虑到上述经济性因素，增减材复合制造技术的应用须充分体现其卓越的加工效能。充分利用增减材交替加工提供的新型设计空间，以创新设计驱动零件的功能性与复杂性的同步提升，在可制造的范畴内最大化零件的使役性能与轻量化附加值，是充分利用增减材复合制造技术的关键。过去十年里，连续体拓扑优化，作为机械产品创成式设计的基础方法，其深入发展为增材制造技术的推广提供了诸多轻量化、高性能的创新应用范例。如今，通用电气（GE）、空客（Airbus）等工业巨头都已将拓扑优化创新结构设计推向产业化，并以此为契机布局增材制造全球产业链。与此类似，发展连续体拓扑优化技术也是推广增减材复合制造的重要途径，拓扑优化方法通过设计产品的复杂几何构型以达到其卓越性能，而加工高性能的复杂结构件正是增减材复合制造技术的应用价值所在。因此，开展具有鲜明增减材特色的拓扑优化创新性研究，将有力助推增减材复合制造技术的发展。但是，面向增减材复合制造的结构件拓扑优化研究，目前仍停留在理念探讨和基础算法研究阶段。

拓扑优化方法以最大化结构件的力学性能为目标，以材料用量为约束，通过优化设计域内的材料分布，实现高承载性能的轻量化结构设计。传统上，拓扑优化结构设计方案的几何造型复杂，在工程上缺乏可制造性，如何在力学性能与可制造性之间找到平衡点极具挑战性。近年来，增材制造技术的兴起为可制造性难题的突破提供了契机，材料逐层堆积的加工形式可实现任意结构件的轻松成形。因此，面向增材制造的结构拓扑优化研究成为近年来的热点课题，增材制造拓扑优化结构件在航空航天、生物医药等领域呈现了诸多典型应用案例。另一方面，拓扑优化结构件在增材制造成形质量上仍有短板，需要精心设计支撑结构，以避免结构过度变形、开裂，但支撑结构意味着延长了加工周期和增加了后处理成本，自支撑拓扑优化算法可以实现免支撑的拓扑构型设计，但所设计的结构呈现明显的力学性能衰减；同时，拓扑优化结构件具有复杂的内部结构，受刀具可达性问题制约，部分表面后处理困难，致使表面质量和几何精度差，影响零件的使役性能。

上述问题凸显了面向增减材复合制造的结构拓扑优化方法研究的必要性。五轴增减材系统通过添加平台的旋转自由度，基本避免了支撑结构，释放了拓扑优化方法对自支撑约束的需求；并且通过合理的增减材工序规划，可实现多数内外特征的切削精加工。因此，增减材复合制造的拓扑优化结构件在结构的设计空间上以及最终的成形质量上均显著优于纯增材制造。在图 2-34a 所示的设计域和边

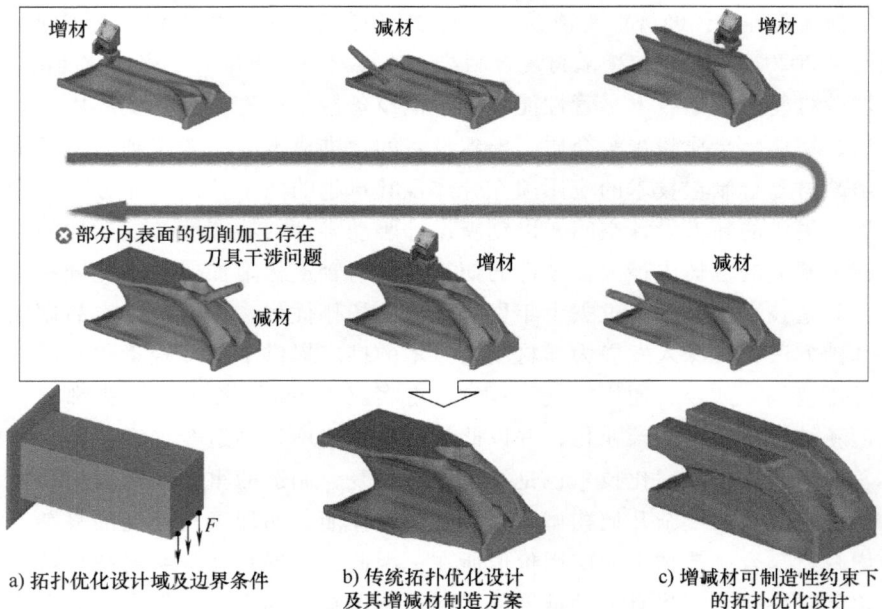

a) 拓扑优化设计域及边界条件   b) 传统拓扑优化设计及其增减材制造方案   c) 增减材可制造性约束下的拓扑优化设计

图 2-34　拓扑优化结构件的增减材交替加工示意图

界条件下进行结构拓扑优化设计。尽管采用了增减材交替的加工方式，拓扑优化结构件仍会出现图 2-34b 所示的部分表面受制于刀具干涉问题，无法实现切削精加工处理。为此，拓扑优化方法需要在每一个迭代步调用增减材交替工序规划算法，进而基于工序规划方案施加增减材可制造性约束（增材头可达性约束和刀具可达性约束），以确保增减材交替加工过程无干涉问题，如图 2-34c 所示。但是，目前增减材交替工序自动规划算法的不足，制约了面向增减材复合制造的结构拓扑优化研究。

因此，研究增减材交替工序规划算法，实现面向任意拓扑形体的增减材工序自动规划，构造并分析增减材可制造性约束与残余变形约束，研究多重复杂约束下拓扑优化问题的求解理论与方法，实现兼具功能性与增减材可制造性、满足加工精度要求的结构件拓扑优化设计，是数字化设计领域的前沿课题。

第3章 各种材料的增减材复合制造

3.1 金属增减材复合制造

3.1.1 金属激光增材制造技术

金属激光增材制造技术是指以激光为能量源快速制造金属功能模型和零件的技术，即通过计算机建立实体三维模型，利用切片软件将模型进行切片处理，得到一系列离散的二维层片，设计相关的工艺路径规划，通过逐层精确堆积二维层片的方式，采用高能激光热源将金属粉末完全熔化，经快速冷却凝固成形，从而得到高致密度、高精度的金属零件。激光增材制造过程不需要专用的夹具或模具，既增加了加工柔性和生产率，又极大地节省了制造时间和制造成本。相对于传统制造，激光增材制造具有制造周期短、制造成本低、能制造复杂零部件、可实现用户定制化等优点。

金属激光增材制造主要包括基于粉末床的选区激光熔化（SLM）和基于同步送粉的定向能量沉积（DED）两种工艺。采用 SLM 工艺时，铺粉辊在基板上预铺一定层厚的金属粉体，激光使粉体局部区域快速熔化、冷却和凝固，成形一层后工作缸下移，铺粉辊再次把粉体铺设在工作缸的上表面，开始新一层打印，如此循环往复，直至完成打印，如图 3-1 所示。采用 DED 工艺时，激光使基体表面材料熔化产生熔池的同时，通过送粉或送丝装置将粉末或丝材同步送至熔池中，材料快速熔化、冷却后凝固而实现

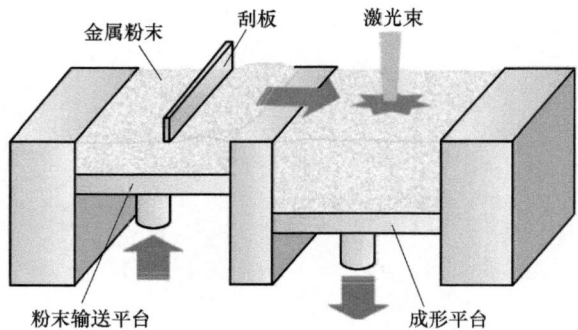

图 3-1 选区激光熔化（SLM）工艺

三维实体的制造，如图 3-2 所示。SLM 工艺成形精度相对较高，但成形尺寸受到打印设备的限制，适用于小型金属零件的成形。DED 工艺使用没有成形腔限制，激光能量高，效率更高，但尺寸精度较低，不适用于精密零件；DED 工艺还可

以损伤零件为基体直接进行沉积，实现
零件快速修复。

3.1.2　激光增材制造常用金属材料

激光增材制造常用金属材料为钛合
金和不锈钢等。

钛合金具有比强度高、高温性能和
耐蚀性好，生物相容强等特点。在 DED
过程中，高能激光束将合金粉末熔化形
成熔池，由于基体具有较强的散热能力，
熔池经历快速冷却/凝固，定向凝固生长

图 3-2　定向能量沉积（DED）工艺

的 β 柱状晶是沉积态钛合金最显著的特征之一，同时在沉积层的顶部会形成等轴
晶粒。通过调节激光输入功率、沉积头移动速度和粉末输送速率能够使显微组织
细化，而增大粉末输送速率，会增加异质形核质点的数量，从而细化组织，获得
细针状 α+β 晶粒。激光输入功率较小或沉积头移动速度较大或粉末输送速率较
大时，熔池中包覆有未完全熔化的合金粉体，冷却凝固后形成未熔合孔缺陷，会
降低了材料的力学性能；激光输入功率过大或沉积头移动速度过小或粉末输送速
率过小时，具有过剩的能量输入，可以消除未熔合孔缺陷，但会造成部分金属元
素气化，导致重熔区面积扩大，引发了沉积层坍塌。

不锈钢按组织状态分为：马氏体不锈钢、铁素体不锈钢、奥氏体不锈钢和双
相不锈钢等。以 316L 奥氏体不锈钢为例，在 DED 过程中，激光功率和扫描速度
降低、沉积层厚提高、扫描间距增大，能够提高沉积体的冷却速率，降低温度梯
度，从而导致不锈钢中铁素体含量提高而碳化物颗粒尺寸减小，晶粒细化，晶粒
形态以细小的等轴晶为主，层间结合强度提高，硬度、屈服强度和抗拉强度提
高。激光功率过低和扫描间距过大时，将会导致金属粉末熔化率降低，冶金缺陷
增多，成形质量和抗拉强度降低。激光功率过高和扫描速度过低时，将会导致不
锈钢的晶粒变大，晶粒形态由细小的等轴晶向粗大的柱状晶转变，铁素体含量减
少，碳化物含量升高，密度、硬度、抗拉强度和断后伸长率降低。

3.1.3　金属增减材复合制造的方式

增减材复合制造结合了增材的材料利用率高、可成形复杂结构件和减材的加
工精度高、尺寸上下限大的优点，同时还使用单一机床代替工艺链，降低了工艺
的复杂程度，避免了重复定位，降低了定位误差。增减材复合制造的方式主要有
以下两种。

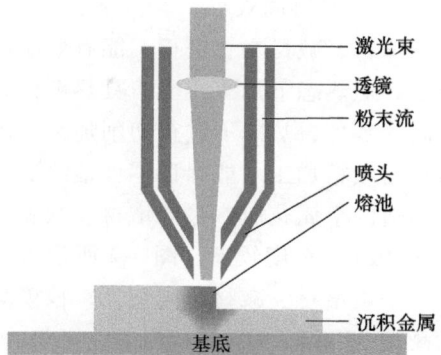

1. 交叉协同式

增材、减材交替进行，能有效减小成形过程中累积的误差，提高零件的成形精度，但热态下加工，受刀具热硬性影响，刀具寿命缩短。同时，对于精度要求较高的零件，热态下进行切削加工，动态热力耦合过程中工件存在动态变形，需通过后续精加工才能保证零件最终成形精度。图 3-3 所示为等离子沉积与铣削复合制造的金属花瓶，采用增材、减材协同交叉，该金属花瓶的表面粗糙度 Ra 可达 $3.2\mu m$，精度较高。图 3-4 所示为选区激光熔化（SLM）与铣削复合制造的模具，采用增材、减材协同交叉，该模具的几何尺寸精度和表面质量较好，相对密度高达 99.2%。

图 3-3　等离子沉积与铣削复合制造的金属花瓶

2. 工序分离式

在增材近净成形的毛坯上进行小余量的切削加工，以得到满足精度要求的零件。因沉积过程热积累较大，故冷却至稳态耗时长，整体成形效率较低。但冷态下切削加工，一次性成形精度较高。图3-5 所示为电弧增材（WAAM）与铣削复合制造的模具。采用增材、减材工序分离，先通过增材获得近净成形的毛坯，后经小余量的铣削加工达到零件最终成形精度。相比于传统数控加工，时间缩短42%，成本降低 28%。

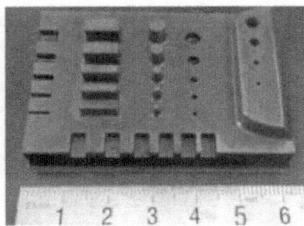

图 3-4　选区激光熔化与
铣削复合制造的模具

图 3-5　电弧增材与铣削复合制造的模具

3.2 陶瓷增减材复合制造

3.2.1 陶瓷概述

陶瓷是用天然或合成化合物经过成形和高温烧结制成的一类无机非金属材料，具有熔点高、硬度高、耐磨性好、耐氧化性好等优点，可分为结构陶瓷和功能陶瓷两大类。结构陶瓷的耐高温性、耐磨性和耐蚀性等特性好，常被用于制造刀具、阀门、喷嘴和滤芯等各种零部件，如图 3-6~图 3-8。功能陶瓷通常具有特殊的物理性能，如磁性陶瓷、介电陶瓷和光学陶瓷等。

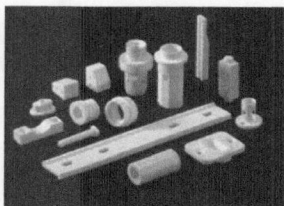

图 3-6 陶瓷结构件　　　　图 3-7 陶瓷喷嘴　　　　图 3-8 陶瓷氧化铝滤芯

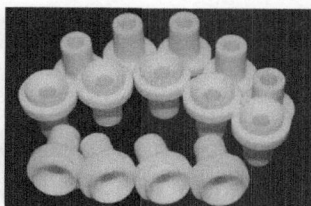

3.2.2 陶瓷增材制造技术

1. 陶瓷增材制造技术方法

按照打印所使用的陶瓷用料形态，目前陶瓷增材制造技术方法如下：

（1）以粉末为用料

1）选区激光熔化工艺（SLM）。通过高功率激光扫描使陶瓷颗粒熔融，冷却后获得陶瓷零件，打印过程热量累积多，零件易出现微裂纹等缺陷。

2）选区激光烧结工艺（SLS）：在陶瓷颗粒表面包覆高分子或低熔点金属等包覆物，采用低功率激光熔化/软化包覆物以黏结陶瓷颗粒获得坯体，然后经过脱脂和烧结制备零件。通常还需等静压、浸渗等工艺进一步提高致密度。选区激光烧结的陶瓷坯体如图 3-9 所示。

3）三维打印成形（3DP）。基于微滴喷射技术，通过喷射黏结剂将陶瓷颗粒层层叠加成零件坯体，然后再经脱脂、烧结获得零件。该工艺打印的坯体往往孔隙率较大，同时制备的零件尺寸也有限。三维打印成形的陶瓷坯件如图 3-10 所示。

图 3-9 选区激光烧结的陶瓷坯体

（2）以板/丝材为用料

1）分层实体制造（LOM）。陶瓷 LOM 原理及零件如图 3-11 所示。通过激光切割片状薄膜材料获得每层形状，再通过加热辊轴施加压力实现层合，然后通过脱脂和烧结获得零件。零件叠层现象明显，其侧面质量较差。

2）熔融沉积成形（FDM）。陶瓷 FDM 原理及零件如图 3-12 所示。打印用丝材由黏结剂与陶瓷粉体组成，丝材在高于黏结剂熔点的温

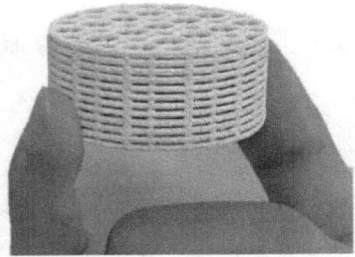

图 3-10　三维打印成形的陶瓷坯件

度下熔化，按设定轨迹堆积成生坯，再经脱脂和烧结制得陶瓷零件。零件叠层现象明显，表面质量不高。

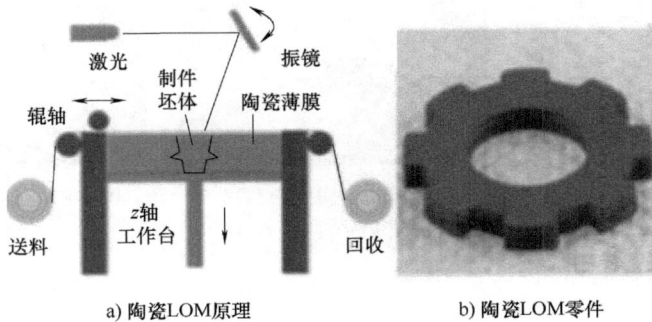

a) 陶瓷LOM原理　　　　　　b) 陶瓷LOM零件

图 3-11　陶瓷 LOM 原理及零件

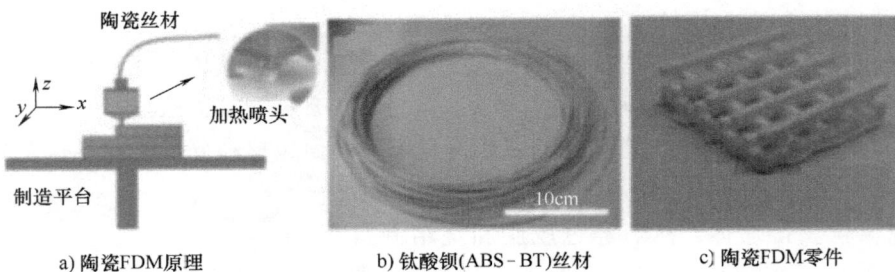

a) 陶瓷FDM原理　　　b) 钛酸钡(ABS‑BT)丝材　　　c)陶瓷FDM零件

图 3-12　陶瓷 FDM 原理及零件

（3）以浆/膏料为用料

1）直写自由成形（DIW）。粉体与黏结剂混合成膏料，挤出于制造平台上，经高温、冷冻或激光等作用固化堆叠成素坯，再经过脱脂和烧结处理得到零件。坯体固相含量高，烧结收缩率低，但表面质量受喷头尺寸影响较大，如大尺寸喷头生产率高，零件表面质量较差。

2）光固化成形。陶瓷立体光固化成形（SLA）和数字光处理（DLP）均是基于光聚合原理的 3D 打印（见图 3-13）。其基本工艺过程是：首先，将陶粉与液态树脂混合制备出光敏浆/膏料；其次，通过激光扫描浆/膏料表面引发光聚合反应，得到高分子包裹粉粒的坯体；再次，清除坯体中未固化原料；最后，脱脂和烧结得到所需的零件。工艺基本原理是：光引发剂被紫外光照射时，会产生活性分子活化预聚物与稀释剂，促使液体树脂中小分子的光敏树脂预聚物/单体发生交联反应，形成三维网络将陶瓷颗粒包裹固化而制备坯件，再通过脱脂去除工件中的树脂，并通过烧结进一步提高工件致密度和性能。采用该工艺制备的陶瓷零件具有表面质量好、力学性能优、致密度高等优点。SLA 使用固相含量更高的膏料，脱脂烧结时变形更小，更适用于较大尺寸陶瓷坯体的制备。

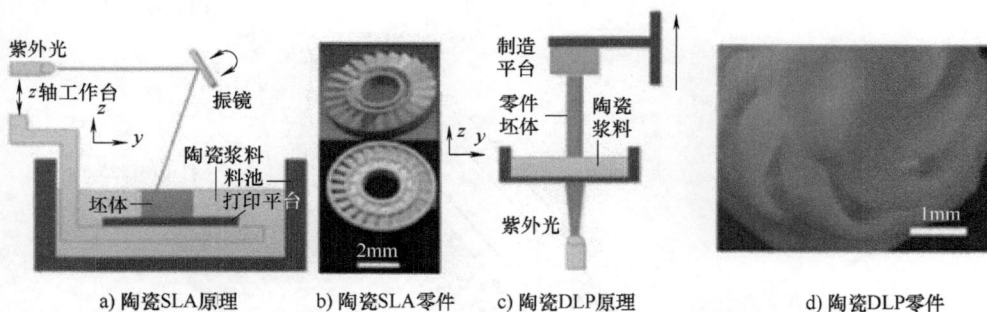

a) 陶瓷 SLA 原理　　b) 陶瓷 SLA 零件　　c) 陶瓷 DLP 原理　　d) 陶瓷 DLP 零件

图 3-13　陶瓷 SLA 和 DLP 原理及零件

2. 光固化 3D 打印陶瓷工艺基础

（1）打印用陶瓷膏料　陶瓷膏料由光敏树脂（液态）和陶瓷颗粒（固态）两部分组成，其中陶瓷固相体积分数≥60%。陶瓷膏料应具有良好的流动性、较高的固相含量、优良的抗沉降性和快光敏响应特性。良好的流动性可以保证光固化浆料在光固化 3D 打印过程中的均匀铺涂，避免产生气泡；较高的固相含量可保证制备的材料具有较高的致密度和小的收缩变形率；优良的光敏响应速度能够保证陶瓷膏料中树脂的快速固化和赋予坯体一定的力学性能。其工艺原理如图 3-14 所示，即膏料中树脂发生交联反应的过程，将陶瓷粉末包裹成形，形成生坯。

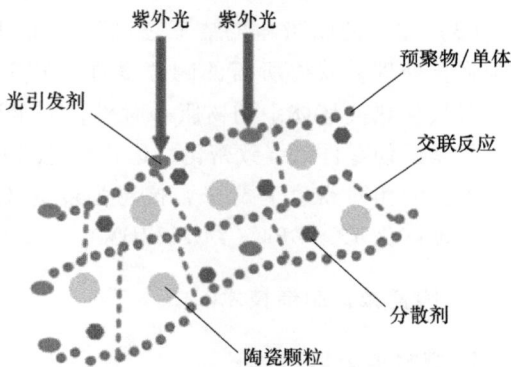

图 3-14　陶瓷光固化成形工艺原理

（2）坯件打印成形工艺过程　如图 3-15 所示，其工艺过程如下：

1）使用 SolidWorks 等三维软件对打印零件模型进行切片处理，保存为 STL 格式文件。

2）将保存的 STL 格式文件导入打印机系统，设置激光功率、扫描速度、打印层厚、扫描间隔等参数，然后分层编译获得激光器和工作台运动路径。

3）启动打印机，膏料自料筒中定量均匀挤出，刮刀将挤出的陶瓷膏均匀地平铺在工作平台上。

4）激光器扫描系统按照规划路径，照射陶瓷膏表面并使之固化。

5）一层固化后工作平台下降打印层厚，重复铺料和扫描的过程直至零件成形完毕。

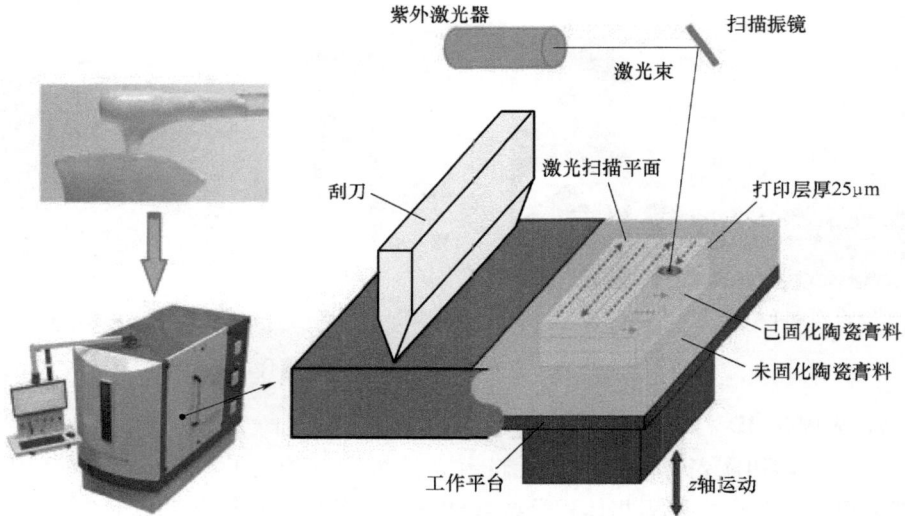

图 3-15　光固化 3D 打印设备与坯件打印成形工艺过程

（3）零件的脱脂和烧结工艺过程　将打印成形的坯件进行脱脂和烧结工艺高温强化处理，获得所需的陶瓷零件，其工艺曲线如图 3-16 所示。脱脂的目的是，通过加热使坯体中的树脂等有机物完全热解和挥发，提高坯件的纯度。烧结的目的是，使零件最终致密化，达到预定的力学性能和尺寸精度。该方法制备的氧化锆陶瓷的相对密度为 97%，抗弯强度为 1044MPa、断裂韧度为 5.62MPa·$m^{1/2}$ 和维氏硬度为 13.1GPa（约 1337HV）。

3.2.3　陶瓷减材制造技术

1. 减材加工工艺

对于某些精密陶瓷零件，增材制造尚不能满足陶瓷零件表面质量和精度的制

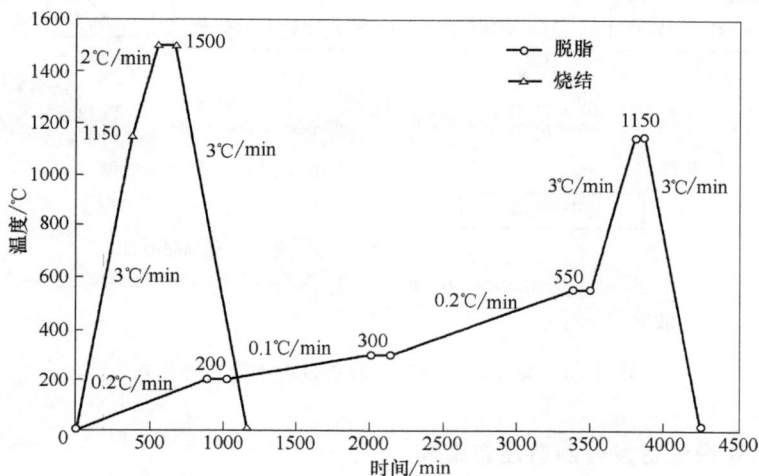

图 3-16　氧化锆陶瓷的脱脂与烧结工艺曲线

造要求，需要引入减材加工，进一步去除余量，提高零件的表面质量和尺寸精度。陶瓷硬且脆，为难减材加工的材料，目前磨削是高精度加工陶瓷零件的有效方式之一。在增材近净成形的基础上，通过磨削进一步提高陶瓷表面的完整性和尺寸精度，探究减材加工最佳工艺参数，微量去除加工余量，获得所需的陶瓷零件的表面质量、尺寸精度和几何精度。试验中采用的五轴超精密加工中心的主轴转速为 35000r/min，轴向/径向运动精度均 ≤12.5nm，磨削工具为 ϕ0.3mm 的电镀金刚石磨棒，如图 3-17 所示。

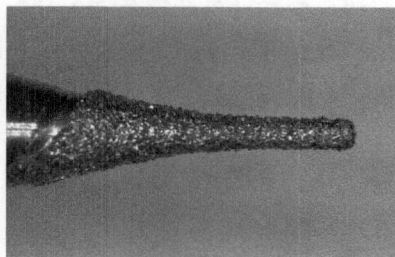

图 3-17　电镀金刚石磨棒

2. 陶瓷增减材复合制造工艺规划

陶瓷增减材复合制造过程中零件会经历非线性尺寸变化（见图 3-18），主要包括以下阶段：

1）打印成形坯件时由光固化造成的尺寸收缩。

2）坯件在脱脂和烧结时的非线性收缩变形。

3）磨削去除余量产生的尺寸变化。

因此，零件设计时需要留出尺寸收缩余量。打印成形后的坯件和烧结后坯件的尺寸均大于基本尺寸，经过磨削后可获得符合精度要求的零件。磨削余量由光固化过程零件尺寸偏差决定，经过尺寸误差的统计，选取磨削加工余量为 80μm 为宜。

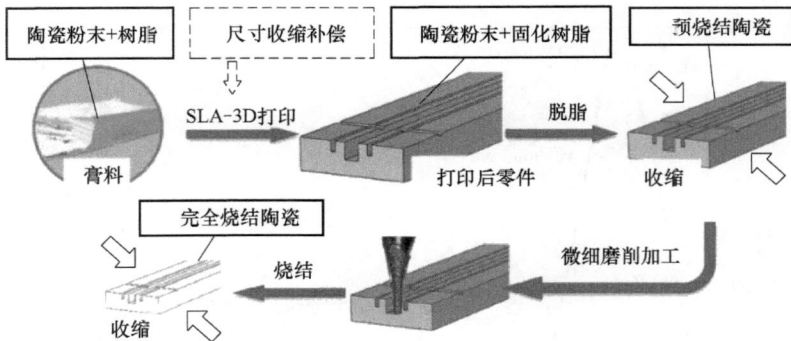

图 3-18 陶瓷增减材复合制造过程中的尺寸变化

3.2.4 陶瓷增减材复合制造注意事项

使用陶瓷 3D 打印机、五轴超精密加工中心之前，务必检查供电、气压、环境温度、环境湿度、主轴的冷却系统等。加工之前，须对激光功率进行校准，激光初次打开后应预热，待系统提示结束后才可使用。试验过程中必须关好防护门、戴好护目镜，严禁在激光打开、设备运转过程中打开防护门。清洗过程应在通风橱内进行，戴好口罩、手套、护目镜等防护工具。打印结束取出零件时，必须确认工作台与打印零件的位置后再移动刮刀。若出现撞刀现象，应立即按下急停按钮，检查设备状态后进行下一步处理。在机床操作过程中，出现有异常情况、异常声音、撞刀等现象，须立即按下急停按钮。设备工作时，严谨将手等部位放入机床内，严禁触摸运转中的机械部分。

3.3 复合材料增减材复合制造

3.3.1 纤维增强热塑性树脂复合材料简介

纤维增强热塑性树脂复合材料（FRTP）是一种利用玻璃纤维和碳纤维等纤维材料对热塑性树脂进行增强的一种材料，具有韧性高、耐蚀性好、成形工艺简单和周期短、材料利用率高等特点。随着耐热性树脂（如 PEEK 和 PPS 等）和高强度、高模量碳化硅纤维等高性能纤维的出现，FRTP 越来越广泛地应用在汽车、航空航天等工业领域。

常见热塑性树脂分类及热物性能如图 3-19 所示。相比热固性树脂，热塑性树脂具有力学性能和耐蚀性更好、强度和硬度更高、能够模塑成形复杂几何形状、可回收性好、环境稳定性好、可重复成形、可焊接和修补等特点。热塑性树脂复合材料性能与增强纤维的性能关系很大，除了纤维物相种类以外，纤维的增强方式对复合材料的性能也有很大的影响。其增强方式有短纤维增强、长纤维增强和连续纤维增强等形式，如图 3-20 所示，其中连续纤维增强效果最佳。

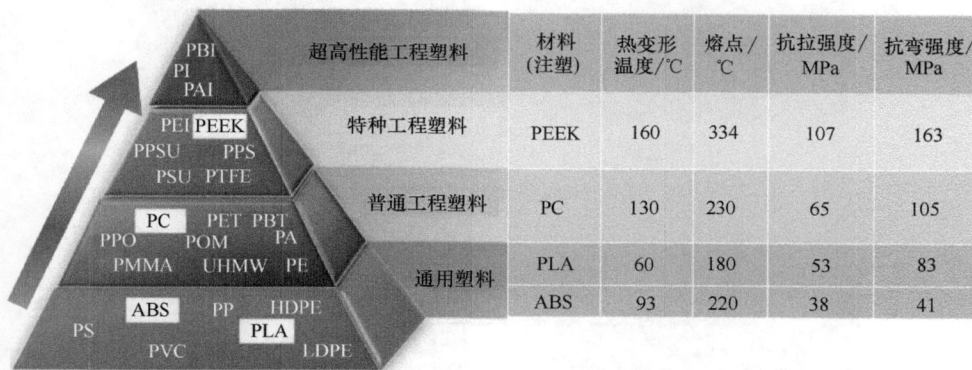

材料 (注塑)	热变形 温度/℃	熔点/ ℃	抗拉强度/ MPa	抗弯强度/ MPa
PEEK	160	334	107	163
PC	130	230	65	105
PLA	60	180	53	83
ABS	93	220	38	41

图 3-19　常见热塑性树脂分类及热物性能

a) 短纤维增强的显微照片　　　b) 长纤维增强短切料　　　c) 连续碳纤维增强预浸带

图 3-20　纤维的增强方式

国内外航空航天和汽车行业中已经大量使用热塑性树脂复合材料，如 F-22 的碳纤维/PEEK 起落架舱门，A380 的碳纤维/PPS 机翼前缘、翼肋、连接角片等。A380 研制过程中庞大的制造规模以及严格的重量目标，使其大量采用热塑性树脂复合材料。每个 A380 包括 16 个前缘组件，每个组件 3~4m，每个组件包括前缘蒙皮与内部加强筋条。其中，机翼前缘蒙皮采用自动铺放成形技术，而加强筋与肋采用玻璃纤维/PPS 薄膜"半预浸料"层压板热压成形。热塑性树脂复合材料已在汽车防撞梁、前端模块、仪表盘骨架、车门中间承载板等结构件得到广泛应用。图 3-21 所示为采用包覆成形的发动机油盘，图 3-22 所示为汽车热塑性树脂复合材料车门与前引擎盖。2012 年国际汽车零配件展览会上推出了世界上第 1 个整体式碳纤维轮毂，其单个质量仅为 6.81~8.17kg，比合金轮毂轻 40%~50%。

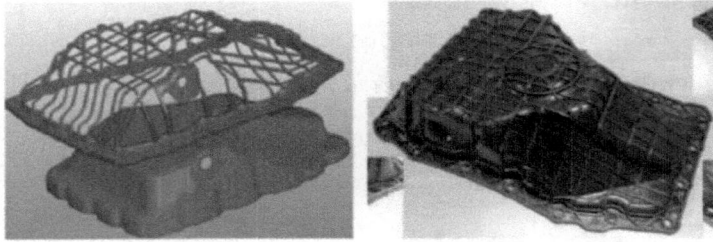

a) 三维造型　　　　　　　　　　　　b) 包覆成形

图 3-21　采用包覆成形的发动机油盘

a) 热塑性车门　　　　　　　　　　　b) 热塑性引擎盖

图 3-22　汽车热塑性树脂复合材料车门与前引擎盖

3.3.2　纤维增强热塑性树脂复合材料成形技术

连续纤维增强热塑性树脂复合材料（CFRTP）的成形主要采用层压工艺和铺放成形工艺。

1. CFRTP 层压工艺

复合材料层压板已在建材、车辆、电气、包装等诸多领域获得广泛应用。近年来，连续纤维增强的高性能热塑性树脂复合材料层压板受到广泛关注，不同品种的层压板及其制备工艺被成功研发，其应用也在迅速增长。其工艺是，先通过浸渍制得浸渍效果优良的预浸料，通过口模获得可以编织的预浸料窄带，然后通过特殊的编织机制成编织物，叠层后层压得到性能优良的复合材料，如图 3-23所示。因为解决了编织物纤维束内浸渍的难题，复合材料的性能可达到很高的水平，但层压过程中，聚合物熔融后编织物中的预浸带可能会产生弯曲或滑移，影响连续增强纤维在层压板中的分布与排列。

2. CFRTP 铺放成形工艺

以一定宽度单向预浸带为原料，将预浸带按照铺放路径铺放到模具表面。采用热源使预浸带中的树脂熔融，通过压辊为预浸带提供压力，使预浸料贴合于铺放的底面。通过切割装置，实现预浸带在各种模具上的精确、快速铺放。这种

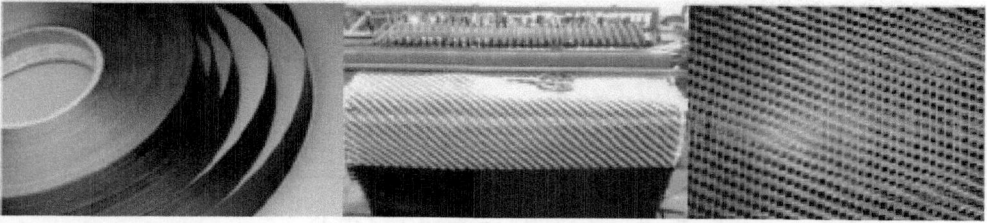

图 3-23　预浸料编织物

CFRTP 铺放成形工艺（见图 3-24）可有效地提高复合材料的成形效率。

图 3-24　CFRTP 铺放成形工艺

3.3.3　复合材料增材制造技术

目前，连续纤维/树脂复合材料 FDM-3D 打印技术，按照使用的连续纤维形式和纤维/树脂的结合位置可以分为以下五大类（见图 3-25）：

1）预浸纤维+纤维/树脂喷头外结合。预浸纤维送入喷头后，在喷嘴处由外部热源加热熔融，以辅助加压装置成形，如美国 Arevo 打印机。

2）预浸纤维+纤维/树脂喷头内结合。预浸了树脂的连续纤维丝材在加热喷头内将树脂熔融并与连续纤维一起挤出，如美国的 Markforged 打印机。

3）预浸纤维+纤维/树脂喷头内结合。预浸连续纤维和基体材料在喷头内结合后被共同挤出，如俄罗斯 Anisoprint 打印机。

4）干纤维+纤维/树脂喷头内结合。采用两步法，即先在喷头外树脂浸润连续纤维干丝，再在喷头内熔融并挤出预浸纤维，如意大利 MOI 打印机。

5）干纤维+纤维/树脂喷头内结合。干纤维在喷头内与被熔融树脂原位预浸挤出，如美国 Continuous Composites 打印机。

研究显示，连续纤维/树脂复合材料 FDM-3D 打印件的孔隙率比传统制造方式的孔隙率高 5%~15%，很大程度取决于连续纤维与树脂的浸润效果。因此，

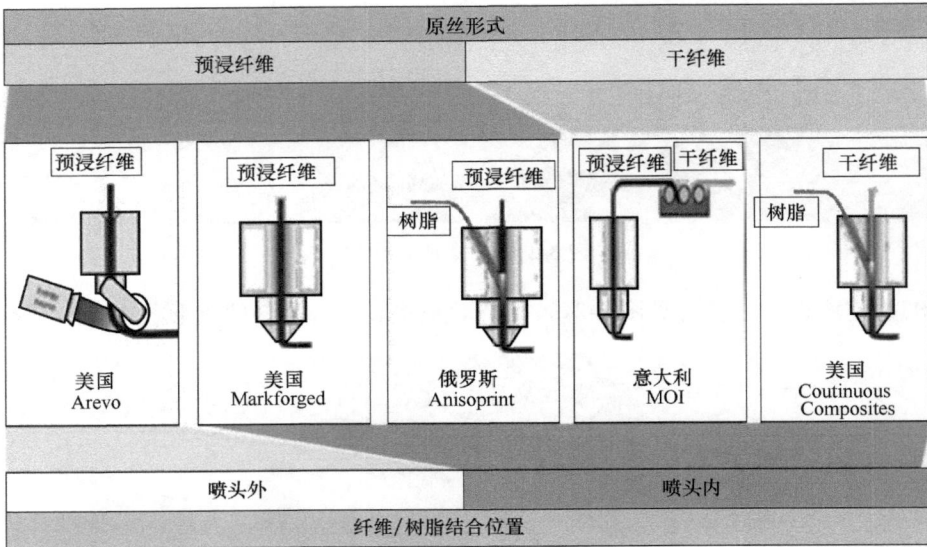

图 3-25　连续纤维/树脂复合材料 FDM-3D 打印技术

提前预浸纤维往往可使纤维/树脂界面结合得更好，有利于 FDM-3D 打印复合材料的成形性能。采用预浸连续纤维丝材，通过传动机构连续送丝，打印时层间路径跳转和转换喷头时，通过切断结构切断纤维，完成零件整体打印。设置树脂打印喷头的目的有：在零件性能要求不高的部位使用树脂，可以提高效率和节省成本；在零件表面打印树脂材料，可以减少纤维裸露，提升零件整体表面精度；零件表面树脂层可以成形后加工处理，减少纤维损伤。三轴 3D 打印机通过 z 方向逐层堆叠制备的零件存在 z 向结合力弱的缺点，同时也难以胜任大型复合材料曲面薄壁件的制造。通过机械臂连接三个加工头提供空间运动，可使增材制造的过程突破了传统的层层堆积成形导致 z 向强度较低的限制，可以在 z 向进行零件强度加强，为打印件性能提升和大形曲面结构制造提供了技术支撑。

3.3.4　复合材料减材制造技术

复合材料是非均质、各向异性的多相材料。在碳纤维复合材料中，树脂基体质软，纤维增强体的硬度高、强度高，碳纤维复合材料具有强度高、脆性高、纤维硬度大、导热能力差等特点。因此，碳纤维复合材料的加工性能较差，属于典型的难加工材料，其切削加工特点如下：

1）毛刺是复材料切削加工常见缺陷，是切削时部分纤维不能被刀具切断而产生的纤维毛边。

2）复合材料的基体是黏性弹性体，导热性和韧性较差，切削中产生的热量不易散发，基体受热后容易粘刀，使切削不易进行。

3）复合材料纤维脆性大，加工时产生碎状切屑和粉末等颗粒，粉末状颗粒会加剧刀具刃口和后刀面的磨损，导致刀具寿命低。

4）复合材料的各向异性使其在各个方向上的力学性能差异较大，导致切削处于不稳定状态，工件加工精度难以保证。

5）复合材料是层状结构，每层纤维之间的抗弯强度和抗剪强度较小，切削时易出现分层现象，因此切削时应尽可能减少剪切力矩和弯曲力矩。

复合材料切削加工常见工件损伤和刀具损伤如图 3-26 所示。

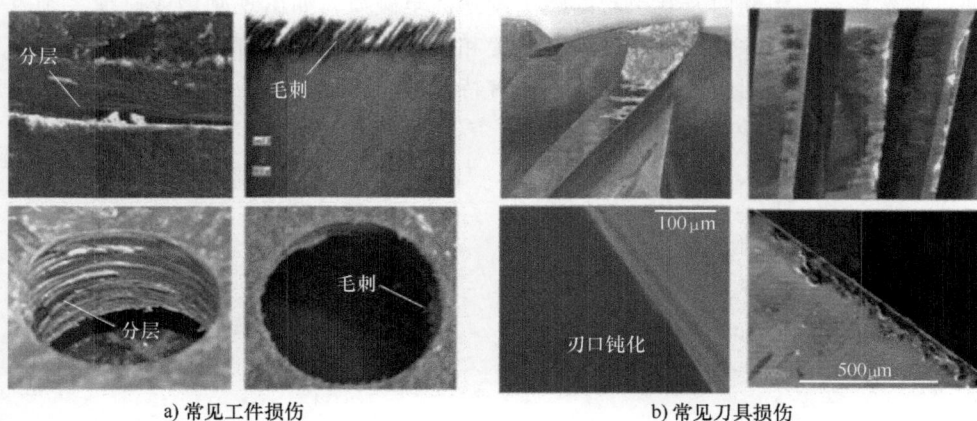

a) 常见工件损伤　　　　　　　　　b) 常见刀具损伤

图 3-26　复合材料切削加工常见工件损伤和刀具损伤

3.3.5　复合材料增减材复合制造注意事项

1. 零件建模

建模时，应注意零件的极限尺寸。零件的最大尺寸不能超过机械臂的最大可达范围（即加工空间）。零件的最小特征尺寸根据材料的不同有所区别，纯树脂成形的特征取决于树脂喷嘴直径，纤维材料成形的特征则取决于纤维丝材直径，其中树脂材料的最小特征（如壁厚）尺寸不能小于树脂喷头直径（通常为$\phi 0.4\mathrm{mm}$），连续纤维的最小特征不能小于丝材横截面积除以打印层厚。为避免纤维损伤，需切削加工部位应设计足够的树脂层余量。

2. 切片参数设置及路径规划

根据打印成形需求设置参数，如根据所选树脂丝材以及预浸连续纤维的树脂种类选择打印温度、打印速度、填充类型、填充密度、打印层厚等。根据零件需加强的部位，选择添加纤维增强。曲面路径的切片规划应考虑喷嘴可达性和干涉问题，须在检查仿真的切片路径无误后才可打印。

3. 成形准备

检查喷头组和加工头在装夹架上是否装夹到位，避免换喷头或加工头失败；检查纤维丝材和树脂丝材是否装载到位。吸湿严重的丝材熔融黏度会发生变化，影响成形质量，丝材长时间不使用应干燥去除水分，以避免打印中产生气孔等缺陷。

4. 成形及后处理

成形前，在成形区域涂抹专用胶，以避免或减轻可能出现的翘曲现象。成形过程中，应检查散热风扇、送丝机构是否正常工作，树脂丝材和纤维丝材是否充足；观察是否发生翘曲及其引起的喷头剐蹭甚至碰撞，如出现剐蹭或碰撞，须及时暂停打印过程，并微调机械臂喷头位置和修整成形零件。打印完成后，小心取下零件，清理表面树脂拉丝等缺陷，如有特殊需求再进行其他后处理方法，如退火、热压、表面喷砂或喷涂等。

第4章 增减材复合制造零件的
精度测量与控制

4.1 引言

　　增减材复合制造零件精度测量是制造过程中非常重要的环节。精确的零件尺寸和几何形状测量对于确保产品的质量、性能和提高生产率至关重要。首先，精度测量可以确保产品的质量。通过测量零件的尺寸和几何特征，可以及时检测出制造过程中可能存在的缺陷或偏差，从而避免产品的尺寸不符合要求或几何形状不准确的情况发生。仅凭外观无法评估产品的精度，而精确的测量可以确保产品符合相关标准和规范，提高产品的可靠性和持久性。其次，精度测量对产品的性能有直接影响。例如，在精密机械领域，零件的尺寸和几何精度直接关系到机械运行的精度和稳定性。如果零件的尺寸和几何特征测量不准确，可能会导致机械运行不平稳、噪声大或者失效。精确的测量可以帮助制造商在生产过程中及时控制和调整产品的质量，从而提高产品的可用性和可靠性。通过精确测量零件的尺寸和几何特征，可以更好地控制和调整制造过程中的参数，避免过程中的重复制造和浪费。精度测量还可以帮助制造商找出制造过程中的改进点和优化点，从而提高生产率。在大规模生产环境中，精确的测量可以帮助制造商减少材料浪费、节约时间和资源，降低制造成本。

　　因此，在制造过程中，重视增减材复合制造零件精度测量是推动产品质量、性能和合格率提升的重要措施。

4.2 增减材复合制造零件的精度

4.2.1 增减材复合制造零件的定义与特点

　　增减材复合制造零件是指通过将增材制造与传统减材制造相结合，同时应用增材和减材制造工艺制造的零件。增减材复合制造可以充分发挥增材制造的优势，如快速制造、灵活性高等，同时克服增材制造工艺的一些限制，如表面粗糙度、强度等方面的问题。

增减材复合制造零件示例如图 4-1 所示，该类零件的特点主要包括：

1）复合工艺。通过将增材制造和减材制造相结合，可以在零件的制造过程中充分利用两种制造方法的优势，实现对零件复杂性和细节的更好控制。

2）结构优化。通过增材制造的方法，可以实现对零件内部的空腔结构进行优化设计，从而减小零件的质量，并提高其强度和刚性。

3）灵活性。增减材复合制造可以根据不同的零件需求，选择合适的增材和减材工艺，并灵活调整工艺参数，以获得满足不同需求的零件。

4）高效性。增减材复合制造采用了增材和减材制造相结合的方式，可以在时间和材料的使用上实现更高的效率和更低的成本。

图 4-1 增减材复合制造零件示例

4.2.2 增减材复合制造零件精度测量及其应用领域

增减材复合制造零件精度是指零件所达到的尺寸、形状、位置、表面质量等方面的精确度要求。这些要求通常由设计图样和规范中规定的尺寸公差、几何公差、表面粗糙度等指标来定义。零件精度的定义可以确保零件在设计和使用中的功能和性能要求得到满足，同时也对制造和检测工艺提出了要求。零件的精度要求通常需要考虑材料的特性、加工工艺的可行性和经济性等因素，并以实际的制造和检测能力为基础进行确定。

增减材复合制造零件精度测量是指对增减材复合制造零件进行精确度的测量和评估的过程。增减材复合制造是一种高精度的制造方法，通过将多个零件进行精确的配合，实现更高水平的装配精度和功能性。其应用领域广泛，包括但不限于以下几个方面：

1）在飞机、卫星等航空航天领域，增减材复合制造零件精度测量可以用于保证航空器零件的装配精度，提高整体的工作性能和可靠性。

2）在汽车制造领域，增减材复合制造零件精度测量可以用于确保汽车零件准确装配，提高汽车的性能和乘坐舒适度。

3）在机械制造领域，增减材复合制造零件精度测量可以用于检测和评估机械零件的准确度和精度，确保机械设备的工作效率和运行的稳定性。

4）在精密仪器领域，增减材复合制造零件精度测量可以用于仪器零件的准确装配和校准，保证仪器的测量和测试精度。

4.2.3　精度对零件性能的影响

精度是指零件在加工和制造过程中所能达到的精确度和准确度。当精度较高时，零件的性能通常也会更好。首先，高精度的零件可以提供更好的尺寸准确性。通过控制精度，可以确保零件的尺寸在设计要求范围内，避免因尺寸偏差过大而影响零件的装配和使用。其次，高精度的零件可以提供更好的表面质量。表面质量对零件的力学性能、使用寿命和美观度都有着重要的影响。通过控制精度，可以减少零件表面的缺陷和不均匀性，提高零件的耐蚀性和使用寿命。此外，高精度的零件可以提供更好的材料性能。在加工过程中，通过控制精度，可以避免过热或应力集中等问题，减少零件的变形和损伤，从而提高零件的强度、刚度和使用寿命。总的来说，精度对零件的性能有着直接的影响。通过控制精度，可以改善零件的尺寸准确性、表面质量和材料性能，提高零件的整体性能和可靠性。因此，在零件设计和制造过程中，需要重视精度的控制，以确保零件达到设计要求并具备良好的性能。

4.2.4　增减材复合制造零件的特殊精度要求

增减材复合制造零件的特殊精度要求是指在增减材复合制造零件过程中需要达到的更高精度标准，包括尺寸精度、几何精度、表面质量和装配精度等方面。实现特殊精度要求通常需要更先进的工艺和设备来控制制造过程中的偏差。

（1）尺寸精度　增减材复合制造零件的尺寸精度要求通常比增材制造的零件更高。尺寸精度是指零件的尺寸测量结果与设计要求之间的差异。特殊精度要求可能要求在制造过程中控制尺寸偏差的范围，以保证零件的精度。

（2）几何精度　几何精度是指零件的几何形状与设计要求之间的差异。特殊精度要求可能要求在制造过程中控制几何形状的误差范围，包括平面度、直线度、圆度和垂直度等。

（3）表面质量　特殊精度要求可能要求增减材复合制造零件的表面质量更高。表面质量包括表面粗糙度、表面平整度和表面无划痕等指标。高要求的表面质量需要制造过程中使用更先进的工艺和设备来保证。

（4）装配精度　增减材复合制造部件通常是由多个零件组装而成的，所以特殊精度要求还包括零件之间的装配精度。装配精度是指零件在组装过程中的准确位置、配合间隙等要求。

4.2.5 精度测量方法

在增减材复合制造中，零件的精度测量是一个重要的环节，用于评估零件的形状、尺寸和表面质量等参数与设计要求之间的偏差。精度测量方法包括传统测量方法和先进测量方法。

1. 传统测量方法

传统测量方法主要分为以下 3 种：

（1）卡尺测量（见图 4-2a）　使用游标卡尺等测量零件的外形尺寸，包括长度、宽度、高度等参数。

（2）三坐标测量（见图 4-2b）　用于评估零件的形状几何特征及其轴向直线度和轴向偏差，包括平面度、圆度与垂直度等的测量。

（3）拉伸测量（见图 4-3c）　用于评估零件的表面粗糙度和平滑度。

传统的测量方法在增减材复合制造中仍然具有重要的应用价值，但随着制造工艺的发展，也需要结合新的测量方法和技术来提高零件的测量精度和效率。

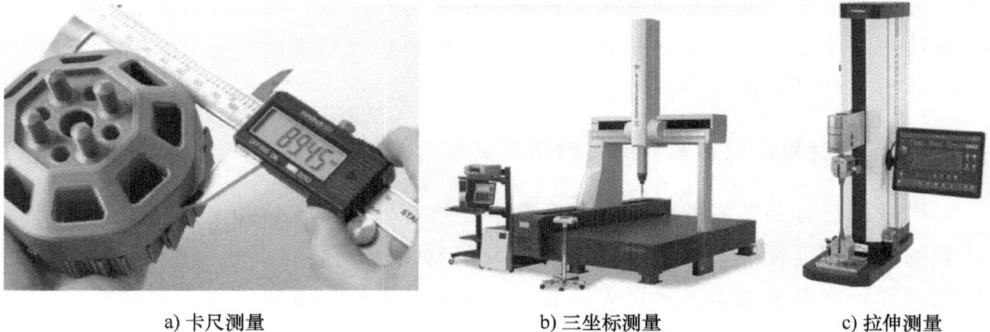

a) 卡尺测量　　　　　　b) 三坐标测量　　　　　　c) 拉伸测量

图 4-2　传统测量方法

2. 先进测量方法

先进测量方法主要分为以下 5 种：

（1）光学测量（见图 4-3a）　使用光学投影仪、激光测量仪等设备对零件进行测量，能够实现非接触测量，具有高精度、高效率等优点。

（2）三维扫描测量（见图 4-3b）　通过三维扫描仪对零件进行扫描，获取零件表面的三维点云数据，从而实现对零件的全面测量和分析。

（3）数字化测量（见图 4-3c）　利用数控机床、数控测量仪器等设备对零件进行测量，通过数值化的方式记录和分析测量数据，可提高测量的准确性和重复性。

（4）声波测量　利用超声波或声波对零件进行测量，通过测量声波的传播时间或回波信号的特征来获取零件的尺寸和形状信息。

（5）线扫描测量　通过线扫描仪对零件表面进行扫描，获取零件表面的二维线条数据，可以实现对曲面形状的测量和分析。

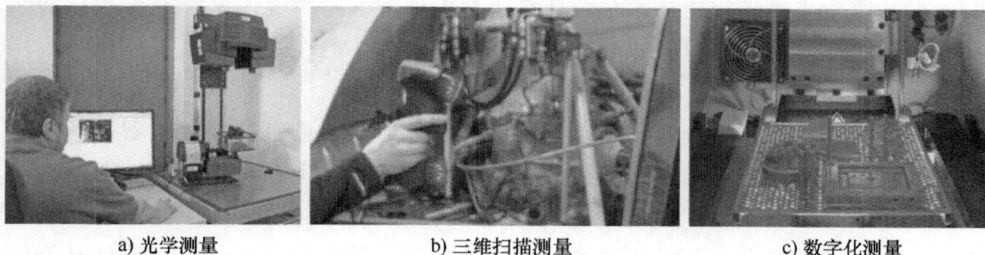

a) 光学测量　　　　　　b) 三维扫描测量　　　　　　c) 数字化测量

图 4-3　先进测量方法

通过采用这些先进测量方法，可以有效地提高增减材复合制造零件测量的准确性和效率。这些先进测量方法在增减材复合制造零件精度测量中可以互补应用，提高测量的精度和效率，满足制造要求。

4.2.6　三坐标测量

1. 三坐标测量仪的工作原理与应用

三坐标测量仪（coordinate measuring machine，CMM），是一种基于空间三维坐标测量原理的高精度测量设备。它主要由主机、测头系统、计算机控制系统等组成。通过在三个坐标方向（x、y、z）上移动测头，实时获取目标物体的三维坐标信息，并通过计算机软件进行数据处理，最终得到目标物体的尺寸、位置和形状误差等数据。

三坐标测量仪的工作原理是将被测零件放入仪器允许的测量三维空间内，由测头系统探测零件，返回各零件表面数据，并借助专用软件系统进行几何形状和尺寸的精确计算。任何复杂形状均可分解为空间点的集合，所有的几何量测量本质上可以归结为空间点坐标的精确采集，因此精确进行空间点坐标的采集，是评定任何几何形状的基础。在实际测量过程中，三坐标测量机能够处理各种复杂几何形状的零件。通过精确获取被测零件表面点在三维空间中的坐标值，运用计算机数据处理技术，将这些离散点拟合成几何元素，如圆锥、圆、圆柱、曲面、球体等，进而通过数学计算方法得出零件的形状、位置误差及其他几何量参数。从以上介绍可以看出，三坐标测量机的基本操作是对"点"的测量。在空间中，可以用坐标来描述每一个点的位置，多个点可以用数学的方法拟合成几何元素，利用几何元素的特征，可以计算这些几何元素之间的距离和位置关系，进行形状、位置误差的评价。三坐标测量机具有测量精度高、效率优越、操作灵活、自动化程度高等显著优势。然而，它在测量微小或易变形零件时存在局限性，这主要缘于以下因素：当零件尺寸过小时，测头难以准确定位；对于软质或薄壁材料零件，接触测量可能导致零件变形，从而影响测量精度。随着技术的发展，通过引入光学测头或激光扫描技术结合计算机数据处理，高精度三坐标测量仪已能结合非接触式与接触式测量，部分缓解了这一局限性。但在透明或高反光材料等特殊场景下，仍须根据零件特性选择合适测量方式。

三坐标测量仪作为获取三维空间点位置和几何形状信息的重要仪器，适用于从米级到微米级的大范围空间测量任务。其显著优势体现在操作便捷性、测量效率高以及广泛的应用场景适应性等方面。在需要精确确定空间位置的工程应用中，三坐标测量仪已成为重要的测量工具。此外，其高度数字化的特性使其能够与三维建模软件实现无缝集成，进一步提升了测量效率和数据处理能力。

2. 三坐标测量仪启动前的准备工作

（1）检查设备状态与环境　检查机器的外观、导轨是否有障碍物，确认气路管道、电缆（测头、控制器等）连接正常。检查设备环境温度和湿度，确认环境恒温达标（通常为20℃±1℃），湿度控制在40%～60%。

（2）清洁与气路维护　使用无纺布清洁导轨及工作台面，避免灰尘影响气浮轴承；对气源系统的储气罐、前置过滤器进行排水，确保压缩空气干燥无杂质。

（3）启动气源与供电　先开启气源开关，待气压稳定后（通常为0.4～0.6MPa），再接通UPS电源，启动控制系统。若环境湿度较高，提前运行除湿机至要求范围。

（4）系统预热与自检　开机后设备至少静置30min（高精度机型静置1～2h），使机械结构与传感器达到热平衡。在测量软件中执行自检程序，验证各轴运动、测头回零状态正常。

3. 软件界面介绍

PC-DMIS测量软件界面如图4-4所示。

4. 三坐标测量举例

对图4-4所示零件中的两个圆进行距离测量的步骤如下：

（1）长度距离　首先测出被测元素，根据"距离"对话框（见图4-5），选择正确的方式。

评价时需要注意以下事项：

1）距离类型。二维和三维距离尺寸将按照相关特征来应用以下规则：

特征的处理：①将圆、球体、点和特征组当作点来处理；②将槽、柱体、锥

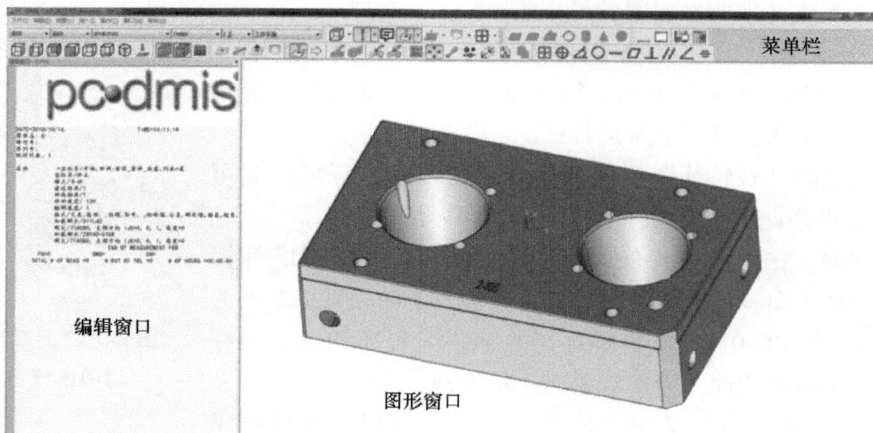

图 4-4　PC-DMIS 测量软件界面

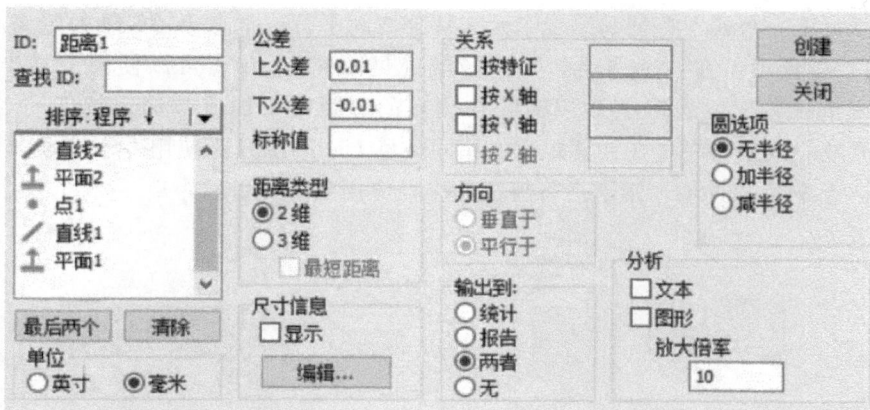

图 4-5　"距离"对话框

体、直线当作直线来处理；③平面通常当平面来处理，然而，在某些特定情况下也可以当作点来处理，如求两个平面的距离，实际上求的是第一个平面的特征点到第二个平面的垂直距离。

其他规则：①如果两个元素都是点（如以上定义），PC-DMIS 将提供点之间的最短距离；②如果一个元素是直线（如以上定义）而另一个元素是点，PC-DMIS 将提供直线（或中心线）和点之间的最短距离；③如果两个元素都是直线，PC-DMIS 将计算两条直线之间的最短空间距离；④如果一个元素是平面而另一个元素是直线，PC-DMIS 将提供直线特征点和平面之间的最短距离；⑤如果一个元素是平面而另一个元素是点，PC-DMIS 将提供点和平面之间的最短距离；⑥如果两个元素都是平面，PC-DMIS 将计算第一个平面上任意一点到第二个平面的垂直距离（即两平面间的最小距离）。

2）关系。"关系"选项区域（见图 4-6）中的复选框用于指定在两个特征之间测量的距离是垂直于或平行于特定轴，还是垂直于或平行于第二个或者第三个所选特征。

当选择"按特征"复选框后，在"方向"区域中就可以选择"垂直于"或"平行于"选项了。

例如，在列表中仅仅选择了两个特征，PC-DMIS 计算的是特征 1 和特征 2 之间的平行于或垂直于的关系，基准为特征 2，是 PC-DMIS 计算所选择的第一个特征和第二个特征与某个特征之间平行于或垂直于的距离。

图 4-6 "关系"选项区域

3）方向。当测量两个特征之间的距离时，可以使用"方向"选项区域（见图 4-7）来确定测量距离的方式。

测量第一个元素特征平行或垂直于第二个元素特征的距离。

测量第一个元素特征和第二个元素特征之间平行或垂直于特定轴的距离。

4）圆选项。在"圆选项"选项区域（见图 4-8）中，可以使用"加半径"和"减半径"选项来指示 PC-DMIS 在测得的总距离中加或减测定特征的半径。所加或减的数量始终是在计算距离的相同矢量上。一次只能使用一个选项。如果使用"无半径"选项，则不会将特征的半径应用到所测量的距离。

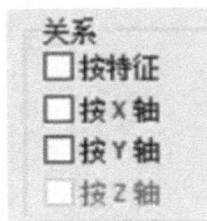

图 4-7 "方向"选项区域   图 4-8 "圆选项"选项区域

（2）直径、半径测量　首先测出被测元素，根据"特征位置"对话框（见图 4-9），选择正确的方式。

1）"坐标轴"选项区域（见图 4-10）。"默认值"复选框用于更改默认输出的格式。选中"自动"复选框后，将根据特征类型的默认轴来选择要在尺寸中显示的轴。在有些情况下，必须替代默认设置。要更改默认输出，可参照以下介绍。

X：输出 x 坐标。

Y：输出 y 坐标。

Z：输出 z 坐标。

极径：输出极坐标的极半径值，适用于圆形或圆柱特征的极坐标系输出，需

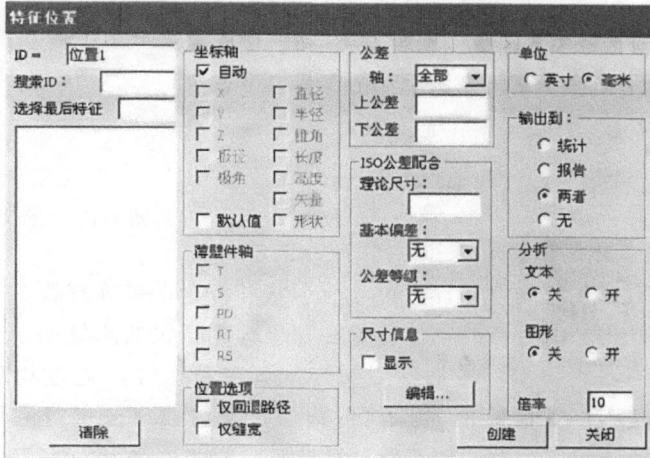

图 4-9　"特征位置"对话框

确保被测元素为旋转对称特征。

极角：输出极坐标的极角值，适用于圆形或圆柱特征的极坐标系输出，需确保被测元素为旋转对称特征。

直径：输出直径值。

半径：输出半径（直径的一半）值。

锥角：输出角度（用于锥体）值。

长度：输出长度（用于柱体和槽）。

高度：输出高度（通常是槽的高度，但也可能是锥体、柱体的高度或椭圆的长度）。

图 4-10　"坐标轴"
选项区域

矢量：输出矢量位置。

形状：随位置尺寸一起输出特征的综合形状尺寸。对于圆或柱体特征，形状为圆度尺寸；对于平面特征，形状为平面度尺寸；对于直线特征，形状为直线度尺寸。

2）"薄壁件轴"选项区域（见图 4-11）。该选项区域包含的复选框只有在标注薄壁件特征时才可用。

T：输出逼近矢量方向的误差（用于曲面上的点）。

S：输出曲面矢量方向的误差。

PD：输出圆的直径，对于"垂直于销矢量"而言。

RT：输出报告矢量方向的误差。

RS：输出曲面报告方向的误差。

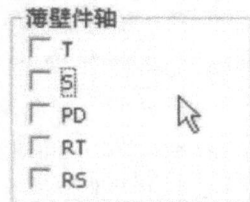

图 4-11　"薄壁件轴"
选项区域

3）"公差"选项区域（见图 4-12）。在"公差"选项区域中，可以选择具体的公差项目进行数值输入。

上公差：输入上极限偏差。

下公差：输入下极限偏差。

三坐标测量仪通过测头系统（接触式或非接触式）采集物体表面点的三维坐标。接触式测头通过物理触碰零件触发信号，非接触式测头（如激光或光学）通过反射或成像获取数据。坐标数据由计算

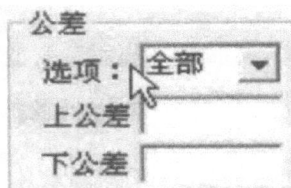

图 4-12 "公差"选项区域

机软件处理，拟合几何元素并计算尺寸、形状和位置误差等参数。

数据收集方式：①将待测物体放置在三坐标测量仪的测量平台上；②根据被测物体特性选择测头类型：接触式测头（如红宝石探针）通过物理触碰采集数据，非接触式测头（如激光或光学测头）通过反射或成像进行测量；③通过三坐标测量仪上的传感器和测头测量物体的表面，获取三维坐标、形状、尺寸等数据；④将测量数据传输到计算机中保存和分析。

5. 精度

三坐标测量仪在精度上通常能够达到较高水平，其精度受到多个因素的影响，如测量设备的性能、测量环境的稳定性、操作人员的技术水平等。通常情况下，三坐标测量仪的精度通常为微米级（$1 \sim 10 \mu m$），高精度机型在恒温环境（$20^{\circ}C \pm 0.5^{\circ}C$）下可达到亚微米级（$0.1 \sim 1 \mu m$），具体精度取决于设备等级和测量条件。

为了确保三坐标测量仪的数据精度，应定期对设备进行校准和检查，使用标准量块或球板进行设备精度验证，避免设备受到振动、温度变化、电磁干扰等外部因素的影响。此外，操作人员须经过专业的培训和技术指导，以确保测量数据的准确性和可靠性。通过上述措施，可以保证三坐标测量仪的数据精度达到所需的要求。

4.2.7 光学测量

一个光学测量系统的基本组成主要包括光源、被测对象与被测量、光信号的形成与获得、光信号的转换、信号或信息处理等部分。按照不同的需要，实际的光学测量系统可能简单些，也可能还要增加某些环节，或者由若干个不同的光学测量系统集成。

（1）光源 光源是光学测量系统中必不可少的一部分。在许多光学测量系统中需要选择一定辐射功率、一定光谱范围和一定发光空间分布的光源，以此发出的光束作为携带被测信息的载体。

（2）被测对象与被测量 被测对象主要是指在测量过程中需要对其进行定量分析的具体物体。被测量就是指需要测量的具体参数或物理量。根据测量对象

的性质，被测量可以分为几何量、力学量、光学量、时间频率、电磁量、电学量等。在光学测量系统中，光信号的形成与获取是光学传感部分的核心功能。测量过程主要是利用各种光学效应，如干涉、衍射、偏振、反射、吸收、折射等，与被测对象相互作用使光束携带上被测对象的特征信息，形成可被测量、分析的光信号。能否使光束准确地携带并传递被测对象的特征信息，是决定光学测量系统成败的关键。

（3）光信号的转换　光信号的转换就是通过一定的途径获得原始的光信号的过程。目前主要通过各种光电接收器件将光信号转换为电信号，以利于目前成熟的电子技术对信号进行放大、处理和控制。此外，也可采用信息光学或其他技术手段来获得光信号，并用光学或光子学方法对其进行直接处理。需要指出的是，最终观察者得到的是电信号、图像信息或数字信息。这种转换过程不仅实现了光信号的检测与分析，还为后续的信号处理和应用提供了基础，是光学测量与传感系统中的关键环节。

（4）信号与信息处理　根据获得信号类型的不同，信号与信息处理主要可分为模拟信号处理、数字信号处理、图像处理以及光信息处理。在现代光学测量系统中，计算机技术被广泛应用于信息的处理、分析和显示，同时还可通过计算机实现闭环测量系统，对影响测量结果的关键参数进行实时调控，从而提高测量的精度和可靠性。

在光学测量系统中，光信号的匹配处理是一个需要特别关注的关键环节。通常表征被测量的光信号可以是光强的变化、光谱的变化、偏振性的变化、各种干涉和衍射条纹的变化等。为了实现光源发出的光或携带待测信息的光与光电探测器等后续环节之间的合理匹配，甚至达到最优匹配状态，通常需要对光信号进行必要的预处理。例如，利用光电探测器进行光强信号测量时，若光信号强度过高，则需采用中性减光片进行衰减处理；若入射光束强度分布不均匀，则需通过匀光器件或光学系统对其进行均匀化处理。

由于激光技术、光纤传感、数字信号处理及计算机技术的发展，光学测量技术也不断发展。常用的光学测量技术见表 4-1。

表 4-1　常用的光学测量技术

方法分类	测量技术	主要内容
相位检测 （干涉法）	激光干涉技术	激光干涉、激光外差干涉、条纹扫描干涉、实时剪切干涉
	光全息技术	全息干涉、全息等高线技术、多频全息技术、计算机全息、实时全息技术
	光散斑技术	客观散斑法、散斑干涉法、散斑剪切法、白光散斑法、电子散斑法
	莫尔技术	莫尔条纹法、莫尔等高线法、拓扑技术

（续）

方法分类	测量技术	主要内容
时间探测	光扫描技术	激光扫描、外差扫描、扫描定位、扫描频谱法、无定向扫描、三维扫描
谱探测	激光光谱技术	激光拉曼光谱、激光荧光光谱、激光原子吸收光谱、微区光谱、光声光谱
图像探测	成像技术	电视（TV）成像法、电荷耦合器件（CCD）成像法、位置敏感探测器（PSD）成像法、数字图像法、光信息处理法
各种物理效应	激光多普勒技术	多普勒测速、差动多普勒技术、激光多普勒技术
	光学诊断与无损检测	光伏效应、切剪术导法、光热偏转法、激光起声
	光学纳米技术	扫描激光显微术、光学隧道显微术、激光力显微术、原子力显微术

完整的光学测量过程应包括光源发光、光束传播、光电转换和电信号处理等环节。这些环节中均可实施调制。

1）对光源发光进行调制，是常用的调制方法之一。常用的光源有激光器、发光二极管等，通过调制电源来调制发光。采用光源调制的优点除了设备简单外，还能消除任何方向杂散光，以及探测器暗电流对测量结果的影响。

2）对光电探测器输出的电信号进行调制（如频率滤波），可提升信噪比，但需配合光源调制以消除杂散光影响。这种方法只对后续的交流处理有利，不能消除杂光或器件暗电流的影响。

3）在光源与光电器件的途径中进行调制，光路中常用调制方法包括机械斩波、声光调制（AOM）、电光调制（EOM）和偏振调制（如法拉第旋转器）。

具体选用哪一类调制方案，应按检测器的用途、所要求的灵敏度、调制频率以及所能提供光通量的强弱等具体条件来确定。

光学测量数据可以通过使用各种光学测量仪器来收集，这些仪器包括激光测距仪、光学测距仪、光学显微镜、望远镜、光学相机等。通过这些仪器可以获取目标物体的各种光学特征数据，如距离、角度、形状、颜色等。

为了确保光学测量数据的精度，应注意以下几点：

1）选择合适的光学测量仪器，不同的测量需求需要采用不同的仪器来进行测量。

2）对测量仪器进行准确的校准和调试，确保测量仪器的精度和准确性。

3）在测量过程中，要避免环境因素的干扰，如光照、温度、湿度等因素可能会影响测量精度。

4）确保测量仪器的稳定性，避免因为仪器本身的运动或者振动导致测量数据的误差。

光学测量数据的精度取决于测量仪器的精度、测量过程中的环境因素和操作人员的技术水平。通过合理选择仪器、正确使用和维护仪器，可以确保光学测量数据的精度。

4.2.8　测量方法的选择

在选择测量方法时，可以考虑以下几个因素：

（1）要求的精度水平　根据制造零件的要求精度水平，确定需要达到的测量精度。

（2）零件的尺寸和形状　不同尺寸和形状的零件可能需要不同的测量方法。例如，小尺寸零件可以使用光学测量方法，而大尺寸零件可能需要使用机械测量方法。

（3）测量环境和条件　考虑到工作场所的条件，如温度、湿度等，选择合适的测量方法。例如，如果需要在恶劣环境下进行测量，可以选择使用无线测量设备。

（4）测量的时间和成本　根据测量的时间和成本要求，选择适当的测量方法。

（5）操作人员的技能和经验　考虑操作人员的技能和经验水平，选择适合其能力的测量方法。

选择合适的测量方法需要综合考虑以上因素，并根据具体情况进行权衡和决策。

4.3　增减材复合制造零件的误差来源与控制

4.3.1　增材制造误差来源

增材制造的误差来源包括以下几个方面：

（1）设计和建模误差　设计和建模过程中的误差会直接影响到增材制造结果。设计和建模误差涉及 CAD 模型的精度、建模软件的原理误差以及设计参数的选择等方面。

（2）材料性能和质量　增材制造过程中使用的材料的性能和质量，会直接影响到制造零件的质量和精度。材料的成分、结晶度、熔化度和颗粒大小等因素都可能导致制造误差。

（3）制造设备误差　增材制造设备本身的精度、稳定性和控制能力，会直接影响到零件制造的准确性和精度。设备的磨损、调整不良、控制参数设置不当等因素都可能导致制造误差。

（4）制造过程参数误差　增材制造过程中的工艺参数设置不当，温度、速度、压力等控制不精确，也会导致制造误差。

（5）后处理误差　增材制造后处理过程中的加工、清理、热处理等环节的误差，也可能影响到最终零件的质量和精度。

4.3.2　减材制造误差来源

减材制造的误差来源包括以下几个方面：

（1）机床精度　数控加工中使用的机床的精度和稳定性是影响零件加工精度的重要因素。机床的磨损、误差、传动结构、刚性等因素都可能导致加工误差。

（2）刀具特性　刀具的磨损、选择不当、安装不准确等因素都会直接影响加工精度。

（3）控制系统误差　数控加工的控制系统对于加工精度具有重要影响。控制系统误差涉及控制系统的稳定性、精度和响应速度等方面。

（4）材料特性　被加工材料的物理特性、化学成分等因素会影响加工精度。

（5）补偿误差　在数控加工过程中，一些常规的误差补偿机制可能会导致误差积累，从而影响最终零件的精度。

（6）程序编程误差　数控加工程序的编写中可能存在误差，如刀具轨迹的规划、起始点的选择等。

4.3.3　误差传递与累积

1. 概述

从设计到制造的各环节都会对最终产品的精度产生影响。误差在这些环节中传递和累积会导致最终产品的偏差。在产品设计阶段，设计师的设计精度和建模精度会直接影响到产品的精度。设计中可能存在的尺寸、形状、位置等设计误差会在后续制造过程中传递，影响最终产品的精度。在材料选择阶段，材料的性能和质量对产品精度也有直接影响。材料的化学成分、结晶度、热膨胀系数等特性会影响产品在制造过程中的变形和尺寸稳定性。在制造工艺阶段，制造工艺包括加工、成形等环节，其中的误差会影响产品的精度。机床的精度、刀具的状态、切削参数的选择等都会对产品的尺寸和形状产生影响。在产品装配的过程中，零部件的加工精度、装配工艺、装配方式等都会影响最终产品的精度。由于误差在各个环节中会逐渐传递和积累，因此在整个生产过程中，应通过精密的质量控制和质量保证措施来减少误差的传递和累积，从而保证最终产品的高精度和高质量。有时候，为了减少误差传递和累积，在设计和制造的过程中会采取一些补偿手段和控制措施，如使用精密的工装夹具、采用误差补偿技术等。

为了描述和分析这种误差的传递和累积，通常会使用一些数学模型来进行定量描述。下面介绍几种常见的误差传递和累积的数学模型。

（1）线性误差传递模型　线性误差传递模型用于描述误差是如何线性传递和累积的。假设有 N 个步骤，每个步骤都引入了某个误差值，那么可以将误差传递表示为

$$E_f = KE_i$$

式中　E_f——最终的误差；

　　　E_i——初始的误差；

　　　K——传递系数矩阵。

K 矩阵的元素代表了不同步骤之间误差的传递关系。K 是对角矩阵时，表示各个步骤之间的相互独立，而非对角元素不为零时，表示误差之间存在线性传递关系。

（2）非线性误差传递模型　非线性误差传递模型用于描述误差之间的非线性相互作用。这可能涉及因为误差堆积导致非线性增长的情况，或者误差传递中存在非线性的修正因素。这种模型可能涉及更复杂的数学表示，比如使用微分方程或者离散事件模拟等方法。

（3）蒙特卡洛模拟　蒙特卡洛模拟是一种通过随机抽样和模拟来描述复杂系统的方法，包括误差的传递和累积。通过进行大量随机抽样模拟，可以获得误差传递和累积的统计特性，从而评估系统的稳健性和可靠性。

2. 误差传递与累积案例分析

当涉及复杂制造工艺（如航空航天或汽车制造等领域的制造工艺）时，误差的传递和累积是一个非常重要的问题。

假设一个汽车制造公司使用机器人来装配车身。在这个过程中，每个机器人都有特定的精度和重复性，它们在组装过程中引入了微小的误差。这些误差可能来自机器人的定位精度、零部件尺寸的微小差异等因素。

当车身在装配线上通过多个不同的工作站时，每个工作站都会对车身做出微小的调整和加工。如果每个工作站都独立进行调整而不考虑前面工作站引入的误差，那么这些误差会逐渐累积，最终导致车身装配不准确，对车辆性能和质量造成严重影响。

为了解决这个问题，制造企业可以使用以下技术手段：

（1）自适应控制　使用先进的自适应控制系统，对每个工作站进行实时监测，根据前面工作站引入的误差调整工艺参数，以减少误差的传递和累积。

（2）精度控制加工　对每个工作站的机器人和设备进行精度控制加工，提高装配精度，减少误差的产生。

（3）实时检测与调整　在车身装配过程中，实时对装配结果进行检测，并且根据检测结果对工艺进行及时调整，以减少误差的传递和累积。

通过运用自适应控制、精度控制加工和实时检测与调整等技术手段，可以有效地解决误差传递和累积的问题，提高产品质量和生产率。

4.3.4　误差控制策略

1. 增材制造误差控制策略

在产品设计阶段，应充分考虑增材制造过程中可能出现的问题，对支撑结构的设计进行优化，对零件的几何形状进行调整，以减少残余应力的产生。首先，应充分利用增材制造的设计自由度，以减少需要支撑结构的部分。其次，选择合适的材料对增材制造中的误差控制至关重要。在金属增材制造中，应控制粉末的颗粒大小和分布；而在聚合物增材制造中，则应确保材料质量和批次一致性。此外，通过集成先进的传感器技术实时监控增材制造过程，采集关键工艺参数，如温度、应力、变形量等，并建立在线反馈控制系统，可实现对潜在缺陷的早期识别与及时校正。在增材制造过程中，需要建立系统的检测机制，定期对产出的零部件进行检测和测试，以确保其符合规范要求。同时，通过优化、调整打印参数，如打印速度、温度、填充密度等，使误差最小化，从而提高产品质量。建立全面的质量管理体系，包括质量控制计划、质量标准和程序文件、培训等，以确保产品质量的一致性。针对增材制造过程中产生的残余应力问题，可通过后处理工艺（如热处理、热等静压或热退火等）进行有效调控，从而减少因残余应力导致的形变和裂纹缺陷。

通过上述策略的综合应用，增材制造过程中的误差能够得到有效的控制和减少，从而显著提升产品的尺寸精度、力学性能及表面质量，确保产品质量和性能的稳定性。

2. 减材制造误差控制策略

在减材制造过程中，误差控制是一个系统性工程，需要从设计优化、工艺参数调整、材料选择以及后处理等多个维度采取综合策略。首先，通过对产品设计进行优化，减少对加工过程的敏感性，可以降低制造误差的风险。例如，增加支撑结构以提高零件稳定性，减小材料收缩导致的变形等。其次，可以调整减材制造过程中的工艺参数，以减小误差。例如，通过控制切削速度、进给速率、切削深度等工艺参数，来减小减材制造过程中的误差，从而提高零件的精度和表面质量。选择合适的材料对减材制造中的误差控制至关重要，一些材料在减材制造过程中可能会出现热应力、开裂等问题，而其他材料则可以提供更好的稳定性和精度。此外，在材料制备过程中，合理调控材料的组成和结构，也有助于优化材料的性能，并降低制造误差的发生。通过采取一些后处理措施，可以修复或纠正制造误差，提高零件的精度。例如，热处理可以减小残余应力，改善零件的性能，而光学或机械加工技术可以进一步提高零件的表面质量和尺寸精度。对减材制造过程进行实时监测，掌握制造误差的情况并及时反馈信息，可以在加工过程中进行调整和纠正。例如，利用传感器实时监测温度、热应力和变形等参数，通过反馈控制的方法进行调整，以保证制造的准确性和稳定性。

综上所述，减材制造误差控制是一个多维度、多阶段的系统性工程。通过合理的设计和优化，调整工艺参数和材料，采取后处理手段以及实时监测与反馈控制等综合措施，可以有效降低减材制造过程中的误差，提高零件的精度和质量。

4.3.5　精度测量实践与案例分析

1. 测量流程与注意事项

（1）测量流程

1）选择合适的测量工具，如千分尺、卡规、游标卡尺等。

2）确保被测量的零件表面干净，无杂质或残留物。

3）根据产品的要求和设计图样确定测量点和测量方法。

4）按照测量计划进行测量，记录测量数值。

5）对测量结果进行分析，以评估零件的尺寸和形状是否符合要求。

（2）注意事项

1）确保所选的测量工具具有足够的准确性和精度，以满足测量要求。

2）在测量过程中，需要稳定测量工具和零件，以防止外部干扰对测量结果产生影响。

3）在对同一零件进行多次测量，以验证测量结果的重复性和一致性。

4）对测量工具进行定期校准，以保证测量结果的可靠性和准确性。

5）测量结果需要符合设计要求和标准，以确保产品质量。

通过遵循上述测量流程和注意事项，可以有效地进行实际测量工作，并且能够获得准确、可靠的测量结果，为产品的质量控制和改进提供重要的数据支持。

2. 案例分析：不同增减材复合制造零件的精度测量与评估

下面以 3D 打印技术和 CNC 加工技术为例进行案例分析。

对于 3D 打印技术，其制造零件的精度主要取决于打印机的分辨率和材料的性质。在进行精度测量时，可以使用光学测量仪器或扫描仪进行测量。例如，可以使用激光测距仪或光学投影仪对零件的尺寸进行测量，然后与设计尺寸进行比对，计算出其误差。同时，还可以使用三维扫描仪获取零件的三维形状信息，然后与设计模型进行比对，评估零件的表面形貌与几何形状的一致性。

对于 CNC 加工技术，其制造零件的精度主要取决于数控机床的精度和切削工具的性能。在进行精度测量时，可以使用千分尺、游标卡尺等传统测量工具进行直接测量。此外，还可以利用高精度测量仪器（如三坐标测量机）进行精确测量。通过将测量结果与设计尺寸进行比对，可以评估零件的尺寸和几何形状误差。

在评估不同增减材复合制造零件的精度时，需要考虑测量零件的尺寸和几何形状，比对与设计尺寸的差异，评估尺寸精度的高低。观察零件表面的光泽度和平整度，评估零件的表面质量。测量零件的几何形状，比对与设计模型的差异，评估零件的几何形状精度。对于复合制造零件，还需要评估不同组件之间的定位精度。可以通过测量零件之间的连接间隙和位置偏差，评估定位精度的高低。

通过以上的测量和评估，可以得出不同增减材复合制造零件的精度情况，并根据评估结果进行进一步优化和改进。同时，也可以根据不同的应用需求和要求，制定相应的精度标准和控制措施，以确保制造零件的精度满足需求。

3. 测量结果分析与改进建议

在增减材复合制造零件的精度测量中，首先需要确定测量结果的误差来源，例如测量设备的精度、测量环境的稳定性、操作人员的技术水平以及测量方法的适用性等。通过仔细分析误差来源，可以有针对性地制定改进措施，以提高测量结果的准确性和可靠性。针对增减材复合制造零件，可以设计和制造合适的参考标准件，用于校准和验证测量设备的精度。参考标准件应具有与实际零件相似的几何形状和尺寸，并且具有较高的精度。通过测量设备对参考标准件进行对比测量，可以确定测量设备的测量误差，并进行修正。若测量设备的精度不够高，可以考虑更换或升级设备，以提高测量精度。另外，还需要进行测量设备的定期维护和校准，确保测量设备保持良好的工作状态。操作人员的技术水平对测量结果的准确性有重要影响。因此，应加强操作人员的培训，提高其测量技术水平和操作规范性。同时，建立标准化的操作规程和操作流程，确保测量过程的一致性和可重复性。测量环境的稳定性对测量结果的准确性也有重要影响。因此，应确严格控制测量环境的温度、湿度等参数，避免环境波动对测量结果的影响。在测量过程中，还应采取合适的防护措施，避免灰尘杂质、振动等外部干扰因素对测量结果的影响。

总之，对于增减材复合制造零件的精度测量，需要综合考虑测量设备、操作人员和测量环境等多个因素，并采取相应的措施来提高测量精度和准确性。

4.3.6　未来展望与研究方向

随着人工智能和机器学习技术的快速发展，无人化测量系统能够通过自主决策、数据学习和实时调整能力，实现对复杂环境和任务的自动化测量，显著提高测量的精度和效率。智能化测量系统能够通过大数据分析技术，对测量数据进行实时分析和处理，并根据结果进行智能化决策，从而实现自适应控制和测量参数的动态优化，进一步提高测量的可靠性和适应性。传感器技术的发展使得智能传感器能够在测量过程中实现自动识别和校准，以及对环境变化做出实时应对，这些功能不仅提升了测量的精度，还增强了系统在复杂环境下的稳定性。此外，智能化和自动化测量系统将更加注重人机交互的友好性和智能化界面设计，从而提高用户操作的便捷性和工作效率。未来，智能测量系统将进一步融合云平台和物联网技术，实现设备之间的互联互通和数据共享，从而实现远程监控和智能化管理。同时，智能测量系统的开发将更加依赖于多学科技术的融合，包括机械工程、控制科学、计算机科学和电子工程等领域的协同创新，从而构建功能更加完善、性能更加优越的智能测量系统。

第5章 增减材复合制造实例

5.1 金属增减材复合制造工艺参数

基于定向能量沉积技术与减材加工技术的金属增减材复合制造技术，DMG MORI 公司推出了 LASERTEC 65 3D 增减材复合加工中心，如图 5-1 所示。将铣削加工技术与定向能量沉积技术结合在一起，应用于一台具有完整五轴加工功能的 LASERTEC 65 型激光熔覆加工机床上，通过同轴送粉的定向能量沉积技术与铣削加工，实现金属材料的增减材复合制造工艺过程。

本节以使用 LASERTEC 65 3D 增减材复合加工中心为例，介绍金属增减材复合制造工艺参数选择。

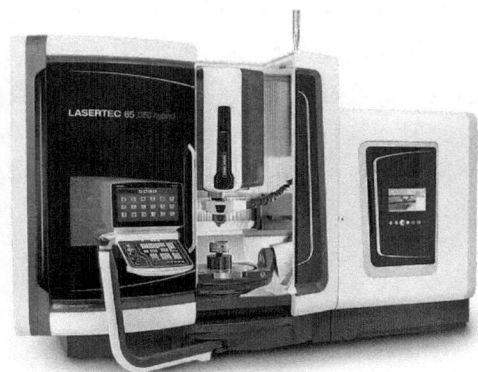

图 5-1 LASERTEC 65 3D 增减材复合加工中心

1. 送粉工艺参数

LASERTEC 65 3D 增减材复合加工中心送粉系统由两个粉罐组成，根据加工零件的性能要求，可以使用两种粉体材料进行不同比例混合送粉，实现材料的梯度打印。以打印单一均质材料为例，常用的送粉工艺参数见表 5-1。

表 5-1 LASERTEC 65 3D 增减材复合加工中心常用的送粉工艺参数

材料	粉末中值粒径 /μm	送粉速度 /(g/min)	送气压力 /10^5Pa	送气流量 /(m³/h)
高温合金	80	12	6	1.0
不锈钢	80	12	6	0.9

2. 增材制造工艺参数

LASERTEC 65 3D 增减材复合加工中心进行增材制造时，激光照射使基体表面材料熔化产生熔池，同时通过送粉装置将粉末同步送至熔池中，粉末快速熔化、冷却后凝固而实现三维实体的增材制造。其常用的增材制造工艺参数见表 5-2。

表 5-2　LASERTEC 65 3D 增减材复合加工中心常用的增材制造工艺参数

材料	激光功率/W	激光扫描速度/(mm/min)	分层厚度/mm
高温合金	1400	600	1.0
不锈钢	1400	1000	0.9

3. 减材制造工艺参数

LASERTEC 65 3D 增减材复合加工中心本身是一台具有完整加工功能的五轴机床,根据所加工的材料可以灵活选取合适的加工参数,以达到最佳的加工质量与加工效率。

5.2　航空发动机机匣的增减材复合制造

图 5-2 所示的航空发动机机匣为扩口薄壁不锈钢零件。下面以该零件为例,介绍金属增减材复合制造的加工过程。此零件结构复杂,机匣的上下两层有两个法兰连接盘,侧面有多个圆柱连接口。使用传统机加工方法制造,需要使用多种工艺,装夹次数多,材料浪费大,加工困难且精度难以保障。采用增减材复合制造技术进行加工时,使用定向能量沉积(DED)技术进行金属增材制造,同时可以穿插进行材料的铣削加工。该增减材复合制造技术在制造薄壁零件、复杂形状零件方面有极大的优势。

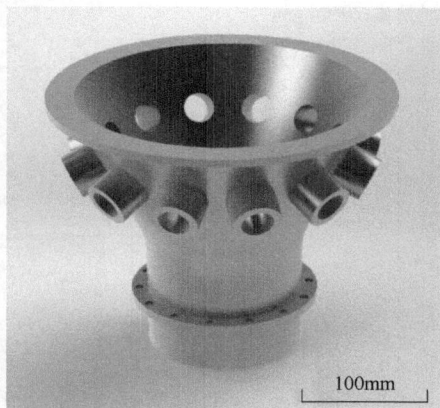

100mm

图 5-2　航空发动机机匣

采用 LASERTEC 65 3D 增减材复合加工中心制造航空发动机机匣的加工过程见表 5-3。

表 5-3　航空发动机机匣的加工过程

序号	工步内容	主要参数	预计时间/min	加工照片
1	使用增材制造模块,对底部圆筒进行DED增材制造	激光功率:1400W 送粉速率:12g/min 分层厚度:1mm 进给速度:1000mm/min	10	
2	工作台摆动轴摆动90°,旋转轴转动并使用增材制造模块,对侧面法兰进行DED增材制造	激光功率:1400W 送粉速率:12g/min 分层厚度:1mm 进给速度:1000mm/min	10	
3	更换铣刀,旋转轴转动,铣削法兰平面与外轮廓	主轴转速:3000r/min 进给速度:120mm/min 铣削深度:10mm 铣削宽度:0.2mm	10	
4	更换钻头,工作台摆动轴回正,钻孔加工底部法兰孔	主轴转速:3000r/min 进给速度:60mm/min	12	

（续）

序号	工步内容	主要参数	预计时间/min	加工照片
5	更换增材制造模块，对圆筒部分继续进行 DED 增材制造	激光功率：1400W 送粉速度：12g/min 分层厚度：1mm 进给速度：1000mm/min	40	
6	继续使用增材制造模块，工作台摆动轴随着成形高度摆动，增材制造圆弧连接处	激光功率：1400W； 送粉速度：12g/min； 分层厚度：1mm； 进给速度：1000mm/min。	10	
7	继续使用增材制造模块，增材制造零件圆锥扩口	激光功率：1400W 送粉速度：12g/min 分层厚度：1mm 进给速度：1000mm/min	40	
8	工作台摆动轴摆动至 90°位置，增材制造端口法兰盘	激光功率：1400W 送粉速度：12g/min 分层厚度：1mm 进给速度：1000mm/min	20	

（续）

序号	工步内容	主要参数	预计时间/min	加工照片
9	工作台摆动至 120° 位置，增材制造零件外壁处连接头	激光功率:1400W 送粉速率:12g/min 分层厚度:1mm 进给速度:1000mm/min	120	
10	更换铣刀，铣削接头内壁	主轴转速:3000r/min 进给速度:120mm/min 铣削深度:10mm 铣削宽度:0.2mm	15	
11	更换铣刀，工作台旋转轴转动，铣削法兰表面与零件扩口内轮廓	主轴转速:3000r/min 进给速度:120mm/min 铣削深度:20mm 铣削宽度:0.2mm	20	
12	铣削连接口内部圆弧轮廓	主轴转速:3000r/min 进给速度:120mm/min 铣削深度:2mm 铣削宽度:0.2mm	19	

5.3　增减材复合制造工艺建模

本节基于 LASERTEC 65 3D 增减材复合加工中心和 NX 软件，通过几个结构的计算机辅助制造，来分析增材与减材的复合加工过程。

5.3.1　简单几何体的增减材复合制造工艺建模

基于增减材复合加工机床，利用 NX 软件，对图 5-3 所示的简单立方体模型（50mm×50mm×50mm）进行增减材复合制造工艺建模。

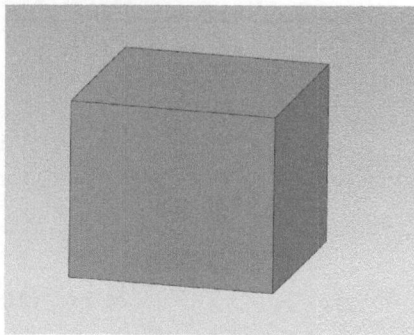

图 5-3　简单立方体模型

1）在 NX 中打开零件。首先单击文件中的新建，选择 Additive Manufacturing，选择机器型号，如图 5-4 所示。

2）加载激光器。转到工序导航器中的机床视图，打开 LASER_MAGAZINE，如图 5-5a 所示。右击 POCKET_LASER，单击插入中的刀具，从库中选择设备，选择刀头，选择 LASER_BASEHEAD_COAX14，如图 5-5b 所示。

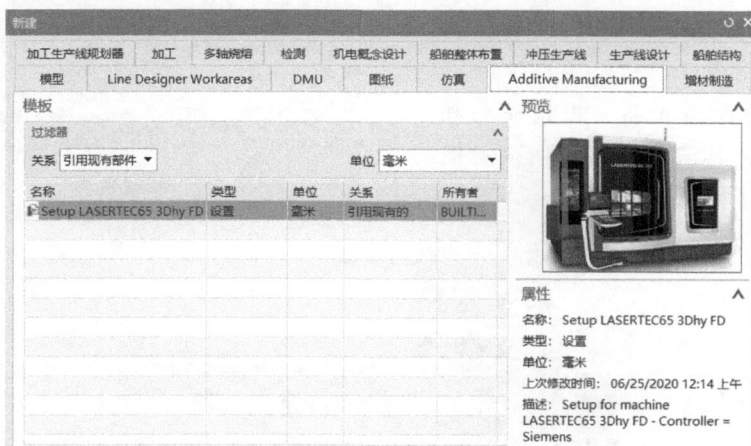

图 5-4　增减材模块界面

3）创建刀具和选择激光喷头。创建刀具，如图 5-6a 所示。单击 LASER，选择如图 5-6b 所示的激光喷头。

a) 工序导航器 b) 选择激光器

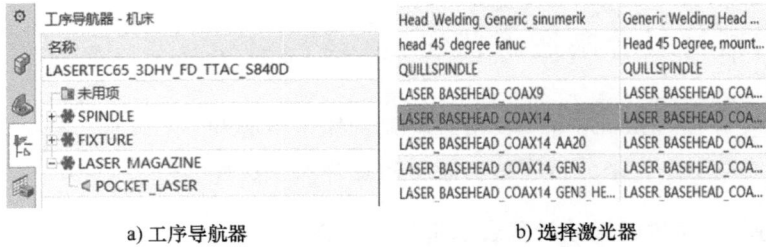

图 5-5 加载激光器

a) 创建刀具 b) 选择激光喷头

图 5-6 创建刀具和选择激光喷头

4）装载夹具。打开操作导航器中机床视图，右击 POCKET_FIXTURE。单击插入刀具，单击 chunk，选择想要的夹具，如图 5-7 所示，关闭窗口。

5）插入激光器、激光喷头和夹具之后，其三维模型在增减材模块中显示，如图 5-8 所示。

图 5-7 装载夹具

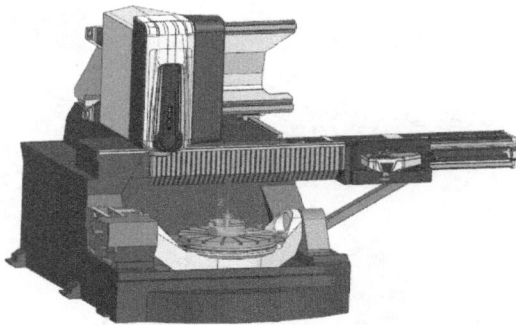

图 5-8 插入激光器、激光喷头和夹具之后的三维模型

6）确定零件的位置。单击装配，使用移动组件来改变零件的位置，如图 5-9 所示。

图 5-9　移动零件位置

7）创建零件的分解体，如图 5-10a 所示。不要选择相互关联，重新命名链接体，把链接体的颜色改为黄色，并选择工作图层 7，如图 5-10b 所示。

a) 创建零件的分解体　　　　　　　　　　　b) 编辑对象显示

图 5-10　创建零件的分解体和编辑对象显示

8）明确图层结构。转到装配导航器，使用零件分配图层，把零件分配给不同的图层，机床分配至图层 1，夹具分配到图层 2，激光器分配到图层 3，激光喷头、原始零件分配到图层 4，如图 5-11 所示。

推荐：增材图层 11 对应减材图层 31，增材图层 12 对应减材图层 32。创建

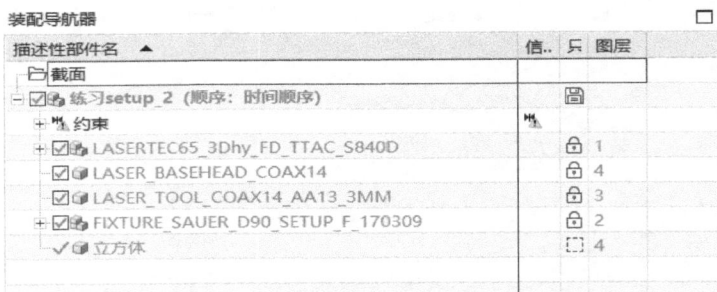

图 5-11　图层分配

增材和减材图层，分解体放在减材图层 11，抽取几何特征，如图 5-12 所示，抽取体放在增材图层 31，图层设置如图 5-13 所示。

图 5-12　抽取几何特征

图 5-13　增减材图层设置

9）确定减材特征。改变工作图层至 31 并且不显示其他图层，使用编辑物体显示来改变颜色至深钢色（deep-steel），透明度改至 0，如图 5-14 所示。

10）确定增材特征。改变工作图层至 11，并且不显示其他图层，使用编

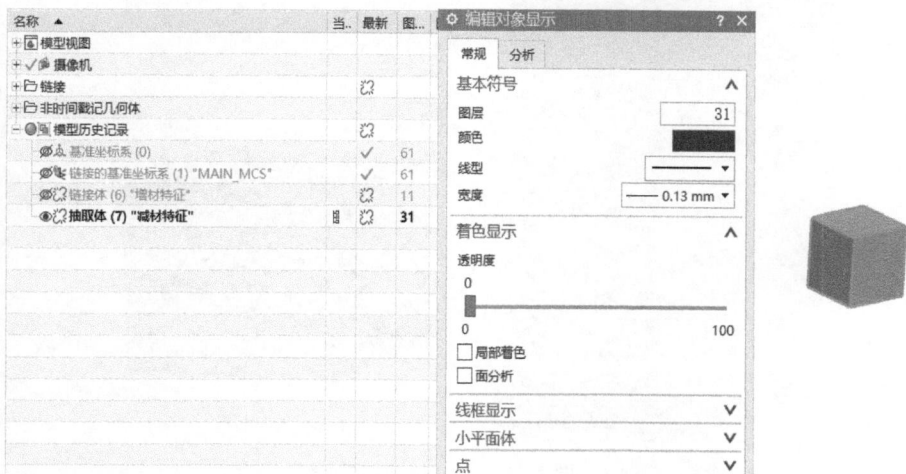

图 5-14　减材特征编辑显示

辑物体显示来改变颜色至深绿色（deep-green），透明度改至 60，如图 5-15
所示。

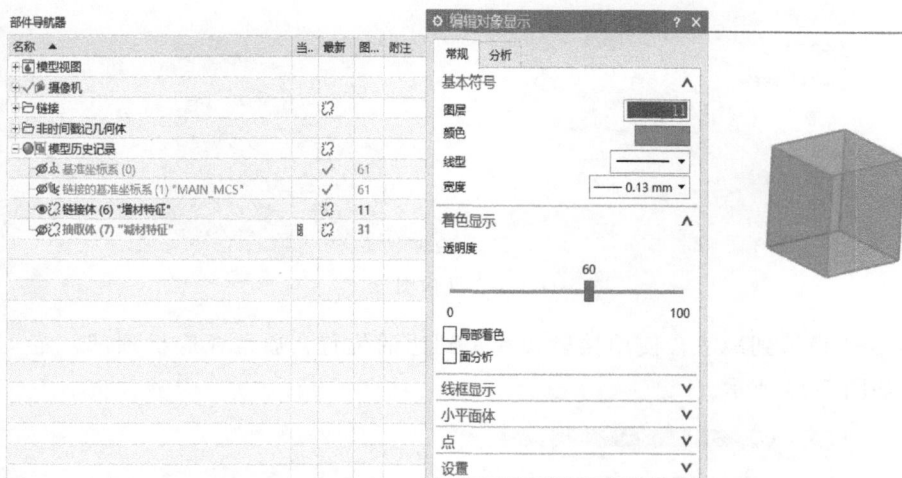

图 5-15　增材特征编辑显示

11）增材特征偏置。第 11 层的主体是第一个增材制造操作的基础，因此现
在需要一些偏移量来构建比铣削主体更大的主体，以便有足够的材料来完成铣
削。改变至工作图层 11 并且不显示其他工作图层，侧面偏置：+1mm，顶部偏
置：+2mm。打开和关闭图层 11 上的 01 铣削特征，以此来观察增材实体和减材
实体之间的区别。增材特征偏置如图 5-16 所示。

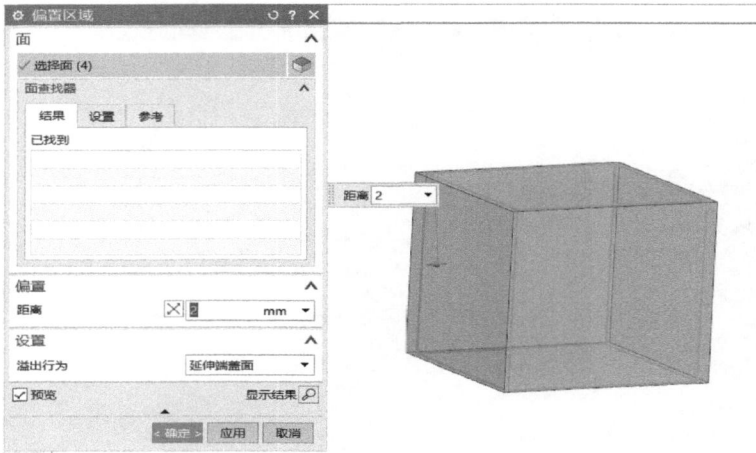

图 5-16　增材特征偏置

12）定义几何图形和坐标系。只显示图层 11 的增材体，单击操作导航器和坐标系，定义几何图形，如图 5-17 所示。

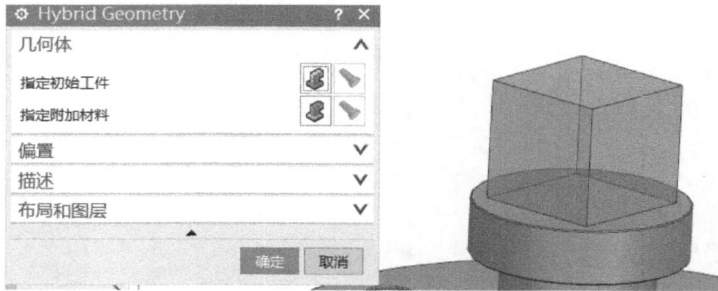

图 5-17　定义几何图形

将 G54 设置到最适合使用接触式探头到达的位置，通常在底板顶部，定义坐标系如图 5-18 所示。

图 5-18　定义坐标系

13）创建增材工序。只显示图层 11 的增材实体，确认在加工环境中，创建工序类型：增材，子类型：Planar Additive Profile with Zigzag Fill，程序：STEP1，刀具：LASER_TOOL_COAX14，几何体：G54_LATHE，方法：LASER_DEPOSI-TION，名字：01_AM_Cube，操作设置，指定增材特征：01_AM_Cube，指定基础面：底盘的顶面，设定其他所有设置，保存所有设置，单击确定按钮，生成刀具轨迹。创建增材工序如图 5-19 所示。

图 5-19　创建增材工序

14）验证增材操作。双击生成的增材工序，单击确定按钮，刀具轨迹出现，如图 5-20 所示。

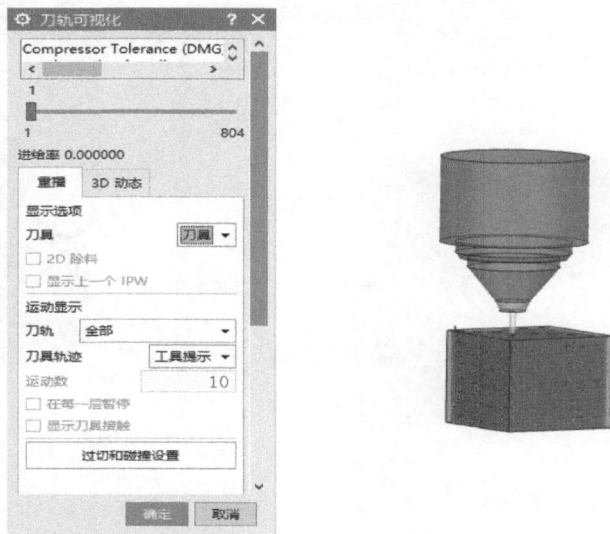

图 5-20　验证增材操作

改变刀具设置可以让激光喷嘴装配体出现，如图 5-21 所示。

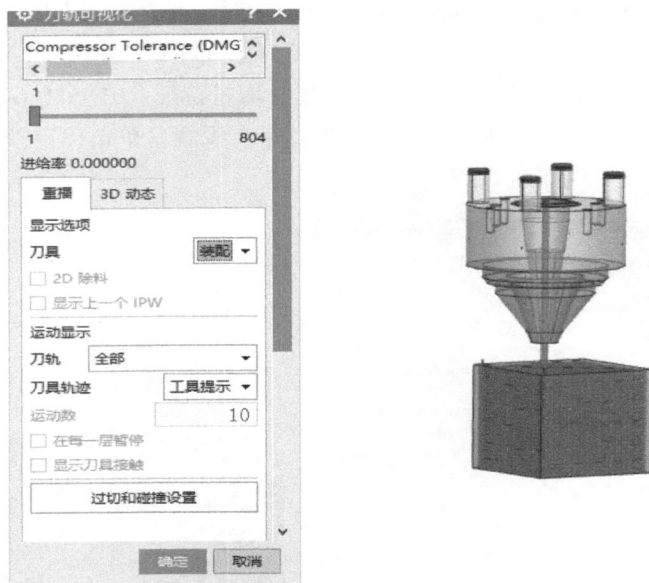

图 5-21　激光喷嘴装配体

15）机床仿真增材工序。将 01_AM_Cube 车身连接到机器的 a 轴上，进入机床导航器，展开操作树，如图 5-22 所示。

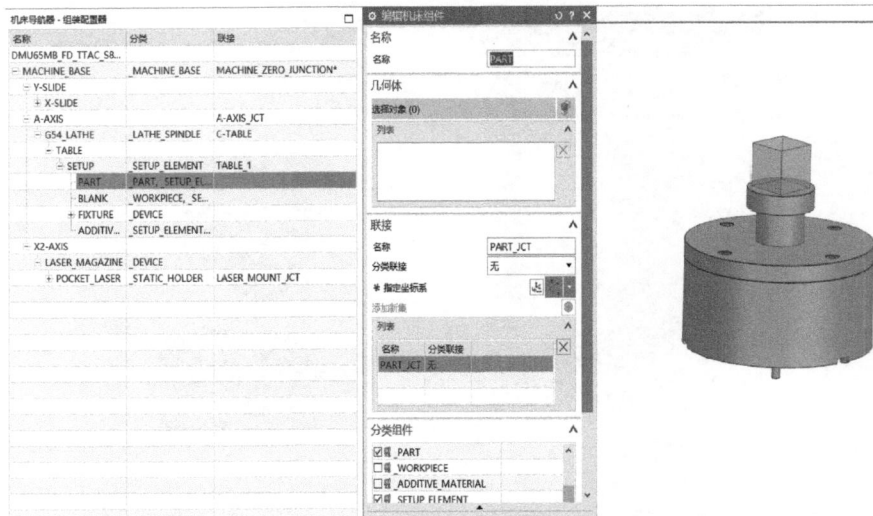

图 5-22　机床仿真设置

16）图层设置。图层 1：机器，图层 2：夹具，图层 3：激光体，图层 11：增材体，图层 4：原始零件，如图 5-23 所示。

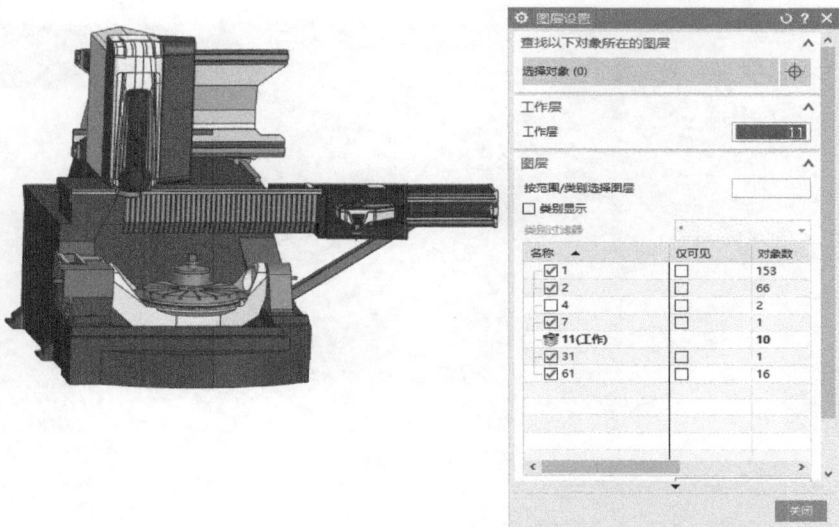

图 5-23　图层设置

进行机床仿真，改为基于机床代码的仿真模式，如图 5-24 所示。

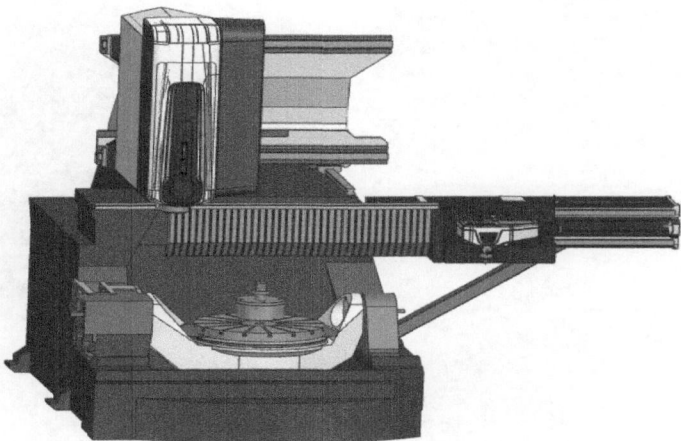

图 5-24　机床仿真

17）打开真实的 IPW（处理中的工件）。显示执行视图：NC 代码，显示机器状态：轴和速度，进行碰撞检查，如图 5-25 所示。

18）创建铣削工序。更改为工作层 31，创建铣削工序，铣削零件的四周和顶部，生成铣削的刀具轨迹，如图 5-26 所示。

图 5-25　碰撞检查

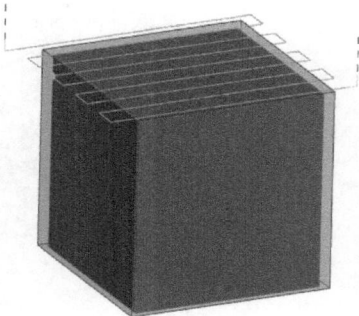

图 5-26　创建铣削工序

5.3.2　锥体零件的增减材复合制造工艺建模

1）将图 5-27 所示零件模型导入增材制造模块并显示。

2）改变图层。将机床移动至图层 1，夹具移动至图层 2，激光部分移动至图层 3，初始工件位于图层 4，如图 5-28 所示。

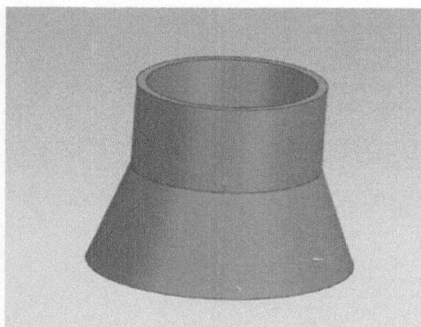

图 5-27　零件三维模型

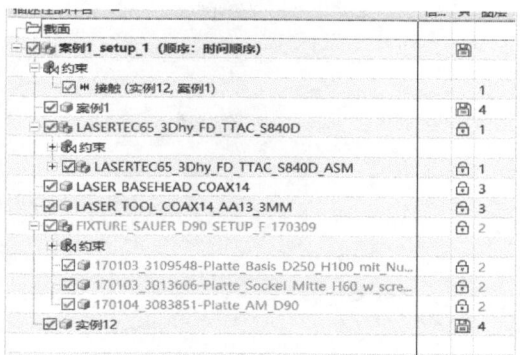

图 5-28　图层设置

3）创建底座和顶部。图层 11 用于放置底座的增材模型，改变图层 11 底座模型的颜色和透明度，并对底座顶部进行偏置处理，向上偏置 2mm，如图 5-29 示。

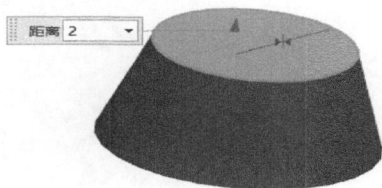

图 5-29　面的偏置

4）对图层 11 的底座模型进行增材加工。工序的子类型选择平面添料，螺旋向内和向外，如图 5-30 所示。设置增材工序的各项参数，如图 5-31 所示。打开步进式烧熔，单击确定按钮，生成刀具轨迹。

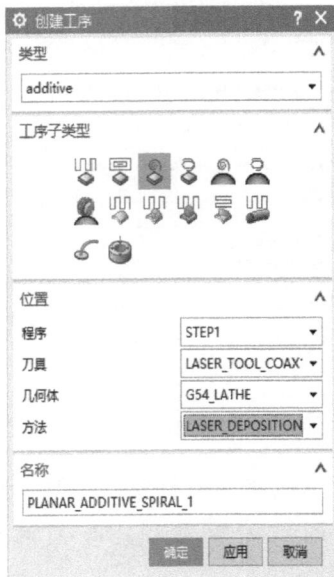

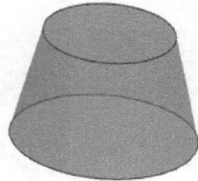

图 5-30 增材工序生成

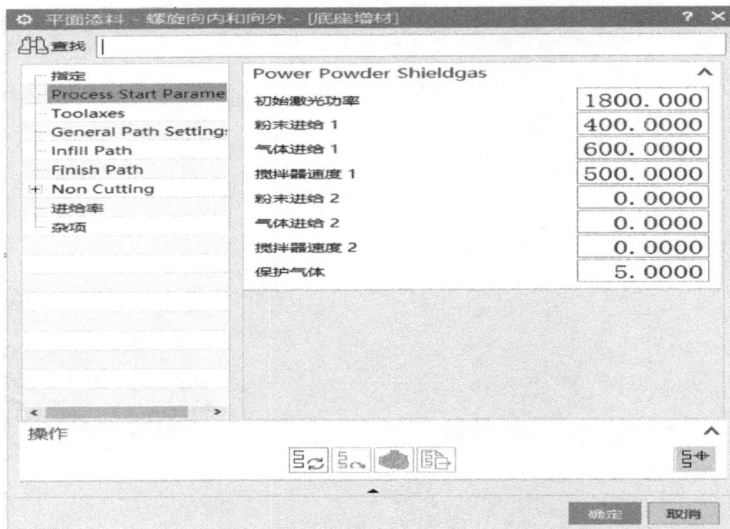

图 5-31 设置增材工序的各项参数

5) 对生成的增材工序进行仿真，观察激光基体部分的运动，如图 5-32 所示。增材工序的部分 G 代码如图 5-33 所示。

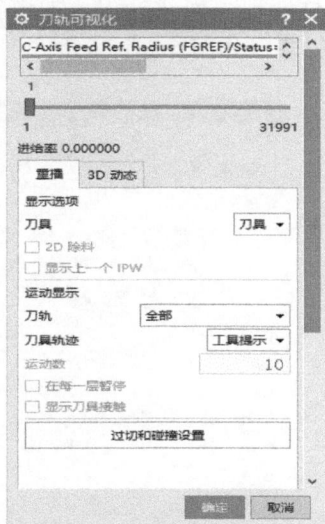

图 5-32　增材工序仿真

```
; ---- TOOL LIST BEGIN ----
; =====================================================================================================
; TOOL TYPE       TOOL NUMBER    TOOL NAME
; =====================================================================================================
; Laser           1                          LASER_TOOL_COAX14_AA13_3MM
; =====================================================================================================
; ---- TOOL LIST END ----
;
; POSTPROCESSOR DMG_XTXC_S840D_FD VERSION 1
; POSTPROCESSOR LAST SAVED: Date 2020:06:24 Time 22:59:42
; MACHINE - LASERTEC65_3Dhy_FD_TTAC_S840D
; NX VERSION - NX 1919.4341 2024/11/05 11:20:17 -
; DRAWING NUMBER
; DRAWING REVISION
; PROGRAM CREATED AT Tue Nov  5 11:24:59 2024
; PP RUN 1
; PROGRAMMER dell
;
N10 DEF REAL _camtolerance
N20 DEF REAL _F_CUTTING, _F_ENGAGE, _F_RETRACT
N30 DEF REAL Power, Powder1, Stirrer1, Powder2, Carriergas1, Carriergas2, Stirrer2, Shieldgas  ;Laser parameters
N40 DEF REAL DWELL_Different_Hopper, DWELL_Same_Hopper
N50 DEF REAL _X_HOME, _Y_HOME, _Z_HOME, _A_HOME, _C_HOME
N60 _X_HOME=100. _Y_HOME=-100. _Z_HOME=-1.
N70 _A_HOME=0.0 _C_HOME=0.0
N80 DWELL_Different_Hopper = 10
N90 DWELL_Same_Hopper = 3
N100 G40 G17 G710 G90
N110 CYCLE800()
N120 TRAFOOF
N130 TRANS
N140 IS_LASER_CONTROLLED=0 ; LASER POWER CONTROL OFF
N150 ;
N160 ;GROUP: STEP2
N170 ;Operation : PLANAR_ADDITIVE_SPIRAL
N180 _camtolerance=.06
N190 ;
N200 ;TOOL TYPE : 沉积激光
N210 ;TOOL DIAMETER     : 3.000000
N220 ;TOOL LENGTH       : 13.000000
N230 SUPA G0 Z=_Z_HOME D0
N240 SUPA G0 X=_X_HOME Y=_Y_HOME D0
N250 SUPA G0 A=_A_HOME C=DC(_C_HOME)
N260 T="LASER_TOOL_COAX14_AA13_3MM"
N270 M6
N280 G54
N290 D1
N300 SUPA G0 Z=_Z_HOME D0
```

图 5-33　增材工序的部分 G 代码

6）对底座顶部利用铣削方式进行减材处理。创建铣刀，如图 5-34a 所示；创建减材（铣削）工序，选择合适的铣削方法，如图 5-34b 所示。

a) 创建刀具

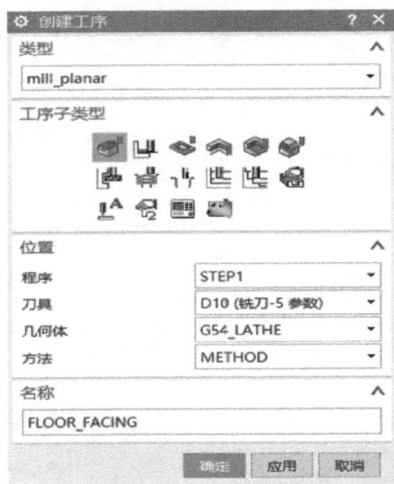

b) 创建减材工序

图 5-34　创建刀具和减材工序

7）设置铣削参数。例如指定部件，指定毛坯。指定部件选择图层 31 的减材部分，指定毛坯选择图层 11 的增材部分。设置进给率和速度等铣削参数，如图 5-35 所示。

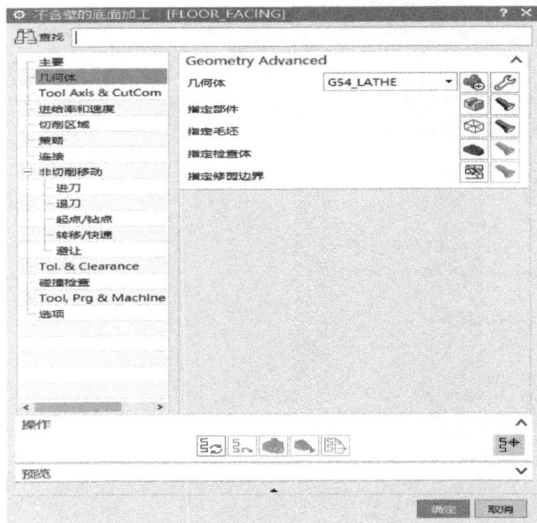

图 5-35　设置铣削参数

8）单击图 5-35 中的确定按钮，生成底座顶面铣削的刀具轨迹，并进行仿真观察。减材工序刀具轨迹如图 5-36 所示，减材工序仿真如图 5-37 所示，减材工序的部分 G 代码如图 5-38 所示。

图 5-36　减材工序刀具轨迹

图 5-37　减材工序仿真

图 5-38　减材工序的部分 G 代码

9）对上部薄壁进行增材加工。如图 5-39 所示，先创建增材工序，工序子类型选择平面添料—薄壁轮廓螺旋。

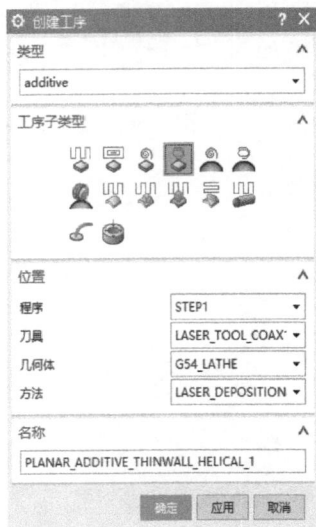

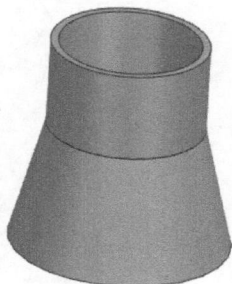

图 5-39　创建增材工序

10）设置增材工序参数，生成刀具轨迹并进行仿真，观察激光部分的运动情况，如图 5-40 所示。

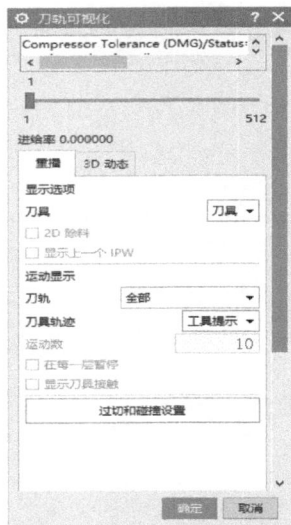

图 5-40　增材工序仿真

11）对增材、减材生成的刀具轨迹进行机床仿真，观察整体的加工情况，并对增材、减材的刀具轨迹进行后处理，生成 NC 代码。

5.3.3　带凸台壳体的增减材复合制造工艺建模

1）对图 5-41 所示的带凸台壳体零件进行增减材复合制造工艺建模。将三维模型导入增材制造文件，单击附加刀具中的分解功能，将零件模型分为多个抽取体，如图 5-42 所示，并对抽取体进行重命名。分解部件时，依次选取部件（整个模型）、起始面（底面）、零件分割的切面，单击确定按钮，生成抽取体。

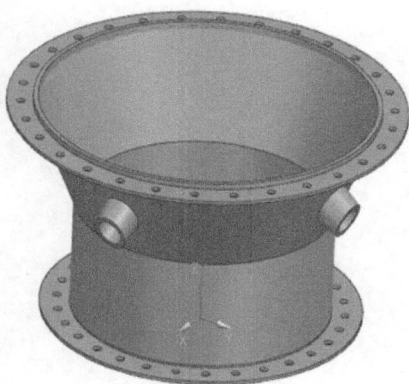

图 5-41　带凸台壳体零件

图 5-42　模型特征分解

2）圆柱筒体底部增材加工。创建增材工序，工序子类型选择为平面添料—薄壁轮廓螺旋，如图 5-43 所示。设置相应的增材工序参数，生成刀具轨迹，进行增材工序仿真，观察激光运动情况，如图 5-44 所示。

3）加工筒外沿的加强筋。加工时，激光头远离工作区域，工作台旋转 90°，完成加强筋的加工。由于加强筋增材加工完成后需要对其上表面进行铣削，因此将加强筋增材图层向上偏置 2mm，留出铣削加工余量。增材的工序子类型选择为旋转添料—绕部件螺旋，如图 5-45 所示。设置相应的增材工序参数，生成刀具轨迹并进行仿真，观察加工情况，如图 5-46 所示。加强筋增材工序的部分 G 代码如图 5-47 所示。

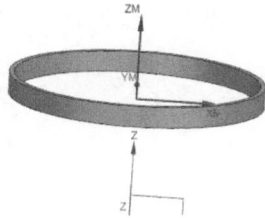

图 5-43　创建圆柱筒体底部增材工序

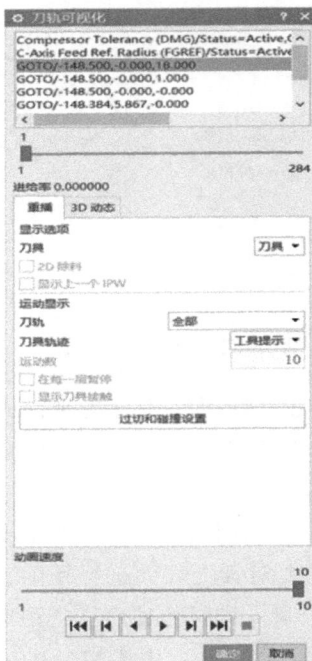

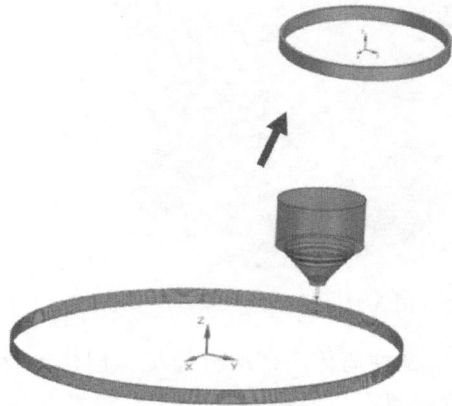

图 5-44　圆柱筒体底部增材工序仿真

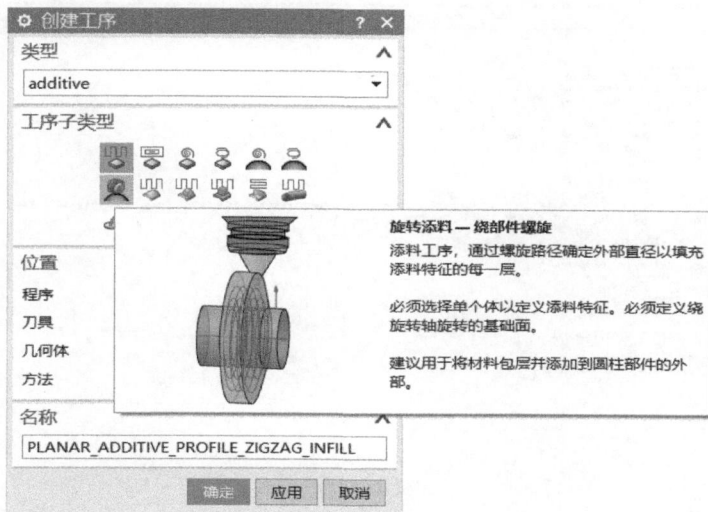

图 5-45 创建加强筋增材工序

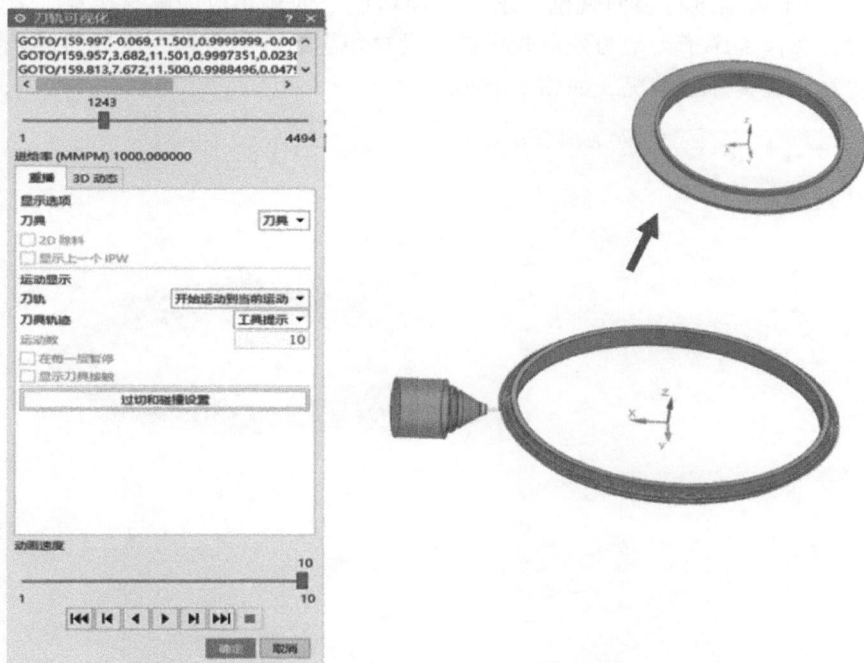

图 5-46 加强筋增材工序仿真

```
; ---- TOOL LIST BEGIN ----
; =====================================================================
; TOOL TYPE      TOOL NUMBER    TOOL NAME
; =====================================================================
; Laser          1              LASER_TOOL_COAX14_AA13_3MM
; =====================================================================
; ---- TOOL LIST END ----
;
; POSTPROCESSOR DMG_XTXC_S840D_FD VERSION 1
; POSTPROCESSOR LAST SAVED: Date 2020:06:24 Time 22:59:42
; MACHINE - LASERTEC65_3Dhy_FD_TTAC_S840D
; NX VERSION - NX 1919.4341 2024/11/04 20:17:59 -
; DRAWING NUMBER
; DRAWING REVISION
; PROGRAM CREATED AT Mon Nov  4 21:10:47 2024
; PP RUN 1
; PROGRAMMER dell
N10 DEF REAL _camtolerance
N20 DEF REAL _F_CUTTING, _F_ENGAGE, _F_RETRACT
N30 DEF REAL Power, Powder1, Stirrer1, Powder2, Carriergas1, Carriergas2, Stirrer2, Shieldgas   ;Laser parameters
N40 DEF REAL DWELL_Different_Hopper, DWELL_Same_Hopper
N50 DEF REAL _X_HOME, _Y_HOME, _Z_HOME, _A_HOME, _C_HOME
N60 _X_HOME=100. _Y_HOME=-100. _Z_HOME=-1.
N70 _A_HOME=0.0 _C_HOME=0.0
N80 DWELL_Different_Hopper = 10
N90 DWELL_Same_Hopper = 3
N100 G40 G17 G710 G90
N110 CYCLE800()
N120 TRAFOOF
N130 TRANS
N140 IS_LASER_CONTROLLED=0 ; LASER POWER CONTROL OFF
N150 ;
N160 ;GROUP: STEP2
N170 ;Operation : ROTARY_ADDITIVE_HELICAL_AROUND_PART
N180 _camtolerance=.06
N190 ;
N200 ;TOOL TYPE : 沉积激光
N210 ;TOOL DIAMETER    : 3.000000
N220 ;TOOL LENGTH      : 13.000000
N230 ;TOOL CORNER RADIUS: 0.000000
N240 SUPA G0 Z=_Z_HOME D0
N250 SUPA G0 X=_X_HOME Y=_Y_HOME D0
N260 SUPA G0 A=_A_HOME C=DC(_C_HOME)
N270 T="LASER_TOOL_COAX14_AA13_3MM"
N280 M6
N290 G54
N300 D1
N310 SUPA G0 Z=_Z_HOME D0
```

图 5-47　加强筋增材工序的部分 G 代码

4）对上表面进行表面铣削，增加表面精度。创建相应的减材工序，首先创建铣刀，选择工序子类型为外形轮廓铣。设置相应的铣削参数，生成刀具轨迹并进行仿真，观察加工情况，如图 5-48 所示。

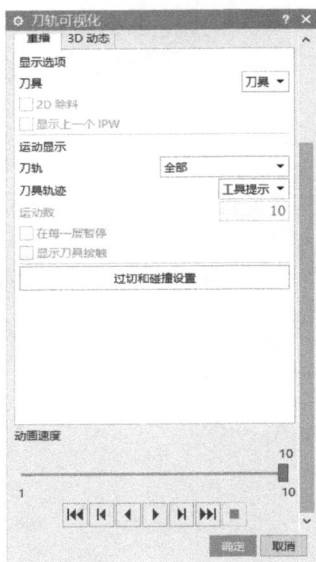

图 5-48　加强筋减材工序仿真

5）对加强筋通孔进行钻孔加工。创建钻孔的减材工序，首先创建钻刀，设置钻刀直径，选择工序子类型为钻孔。设置相应的钻孔参数，生成相应的刀具轨迹并进行仿真，观察钻刀的运动情况，如图 5-49 所示。钻孔工序的部分 G 代码如图 5-50 所示。

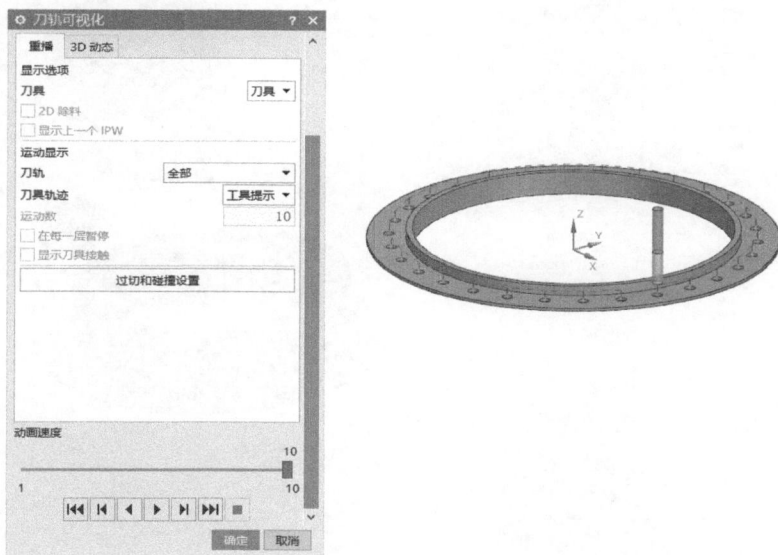

图 5-49　钻孔工序仿真

```
; ---- TOOL LIST BEGIN ----
; ===============================================================
; TOOL TYPE        TOOL NUMBER      TOOL NAME
; ===============================================================
; Drilling            0                  STD_DRILL
; ===============================================================
; ---- TOOL LIST END ----
;
; POSTPROCESSOR DMG_XTXC_S840D_FD VERSION 1
; POSTPROCESSOR LAST SAVED: Date 2020:06:24 Time 22:59:42
; MACHINE - LASERTEC65_3Dhy_FD_TTAC_S840D
; NX VERSION - NX 1919.4341 2024/11/04 21:17:37 -
; DRAWING NUMBER
; DRAWING REVISION
; PROGRAM CREATED AT Mon Nov  4 21:17:51 2024
; PP RUN 1
; PROGRAMMER dell
;
N10 DEF REAL _camtolerance
N20 DEF REAL _F_CUTTING, _F_ENGAGE, _F_RETRACT
N30 DEF REAL Power, Powder1, Stirrer1, Powder2, Carriergas1, Carriergas2, Stirrer2, Shieldgas  ;Laser parameters
N40 DEF REAL DWELL_Different_Hopper, DWELL_Same_Hopper
N50 DEF REAL _X_HOME, _Y_HOME, _Z_HOME, _A_HOME, _C_HOME
N60 _X_HOME=100. _Y_HOME=-100. _Z_HOME=-1.
N70 _A_HOME=0.0 _C_HOME=0.0
N80 DWELL_Different_Hopper = 10
N90 DWELL_Same_Hopper = 3
N100 G40 G17 G710 G90
N110 CYCLE800()
N120 TRAFOOF
N130 TRANS
N140 IS_LASER_CONTROLLED=0 ; LASER POWER CONTROL OFF
N150 ;
N160 ;GROUP: STEP2
N170 ;Operation : DRILLING
N180 _camtolerance=.06
N190 ;
```

图 5-50　钻孔工序的部分 G 代码

6）对圆柱筒体中间部分进行增材加工。以增材后的顶面作为基面，选择工序子类型为平面添料—薄壁轮廓螺旋。设置相应的增材工序参数，生成刀具轨迹并进行仿真，观察激光的运动情况，如图 5-51 所示。

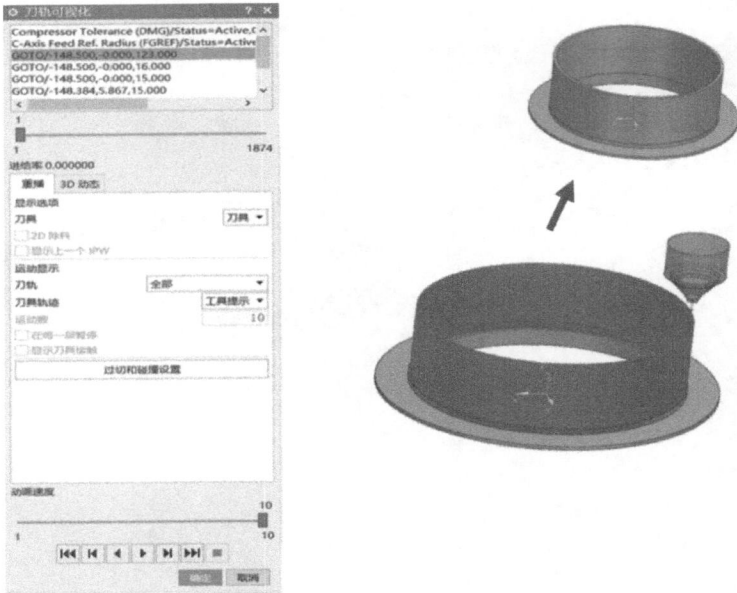

图 5-51　圆柱筒体中间部分增材工序仿真

7）对锥形体进行增材加工。由于锥形体内表面存在铣削加工要求，因此将锥形体内表面向内偏置 2mm。选择的工序子类型为平面添料—薄壁轮廓螺旋，由于增材的部分是斜面，因此增材设置中输出轴设置为 Automatic，如图 5-52 所示。设置增材工序参数，生成刀具轨迹并进行仿真，如图 5-53 所示。锥形体增材工序机床仿真如图 5-54 所示。锥形体增材工序的部分 G 代码如图 5-55 所示。

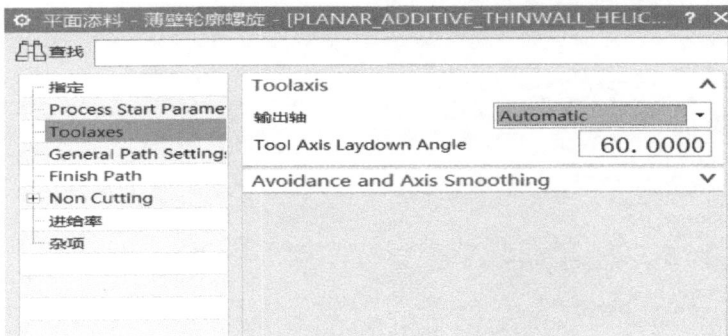

图 5-52　创建锥形体增材工序

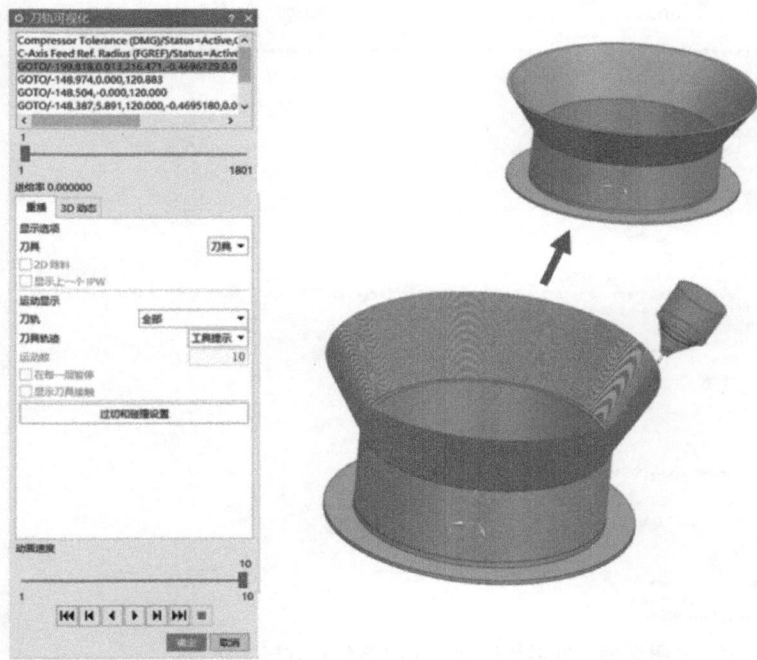

图 5-53　锥形体增材工序仿真

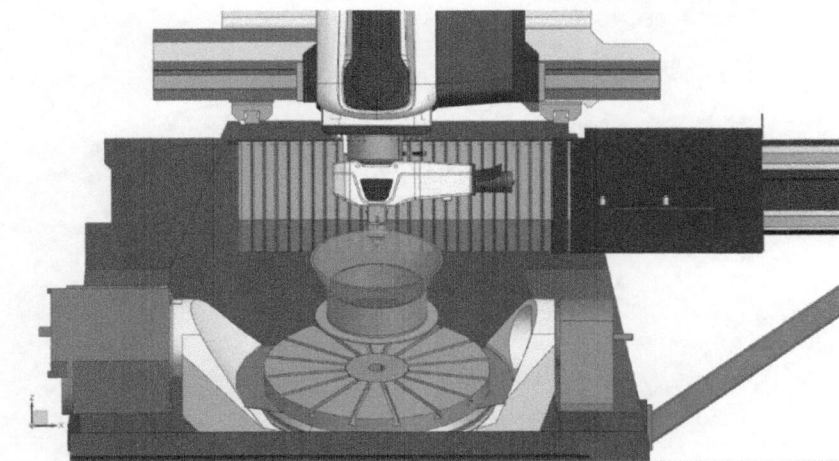

图 5-54　锥形体增材工序机床仿真

```
; ---- TOOL LIST BEGIN ----
; ================================================================================
; TOOL TYPE      TOOL NUMBER     TOOL NAME
; ================================================================================
; Laser          1                        LASER_TOOL_COAX14_AA13_3MM
; ================================================================================
; ---- TOOL LIST END ----
;
; POSTPROCESSOR DMG_XTXC_S840D_FD VERSION 1
; POSTPROCESSOR LAST SAVED: Date 2020:06:24 Time 22:59:42
; MACHINE - LASERTEC65_3Dhy_FD_TTAC_S840D
; NX VERSION - NX 1919.4341 2024/10/12 15:45:39 -
; DRAWING NUMBER
; DRAWING REVISION
; PROGRAM CREATED AT Mon Nov  4 21:21:27 2024
; PP RUN 1
; PROGRAMMER dell
;
N10 DEF REAL _camtolerance
N20 DEF REAL _F_CUTTING, _F_ENGAGE, _F_RETRACT
N30 DEF REAL Power, Powder1, Stirrer1, Powder2, Carriergas1, Carriergas2, Stirrer2, Shieldgas  ;Laser parameters
N40 DEF REAL DWELL_Different_Hopper, DWELL_Same_Hopper
N50 DEF REAL _X_HOME, _Y_HOME, _Z_HOME, _A_HOME, _C_HOME
N60 _X_HOME=100. _Y_HOME=-100. _Z_HOME=-1.
N70 _A_HOME=0.0 _C_HOME=0.0
N80 DWELL_Different_Hopper = 10
N90 DWELL_Same_Hopper = 3
N100 G40 G17 G710 G90
N110 CYCLE800()
N120 TRAFOOF
N130 TRANS
N140 IS_LASER_CONTROLLED=0 ; LASER POWER CONTROL OFF
N150 ;
N160 ;GROUP: STEP2
N170 ;Operation : PLANAR_ADDITIVE_THINWALL_HELICAL_3
N180 _camtolerance=.06
N190 ;
N200 ;TOOL TYPE : 沉积激光
N210 ;TOOL DIAMETER    : 3.000000
N220 ;TOOL LENGTH      : 13.000000
N230 ;TOOL CORNER RADIUS: 0.000000
```

图 5-55   锥形体增材工序的部分 G 代码

8）锥形体内表面铣削加工。创建铣削工序，工序子类型为外形轮廓铣。设置相应的铣削参数，生成刀具轨迹并进行仿真，如图 5-56 所示。

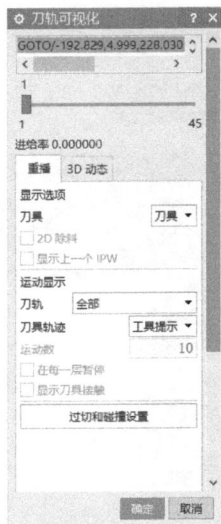

图 5-56   锥形体内表面铣削工序仿真

9）对圆柱体上凸台进行增材加工。选择的工序子类型为自由曲面添料—积聚，选择附加特征和基础面，驱动几何体，生成刀具轨迹并进行仿真，观察激光的运动情况，如图 5-57 所示。生成的增材工序进行圆周阵列变换，生成额外三个刀具轨迹，如图 5-58 所示。

图 5-57　凸台增材工序仿真

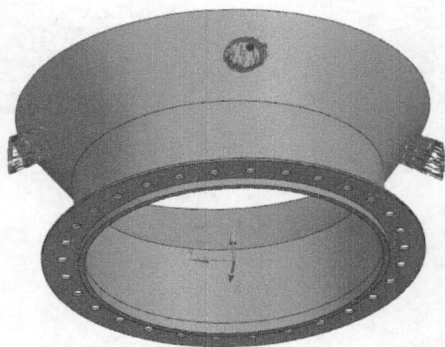

图 5-58　增材工序圆周阵列

10）对锥形体顶部凸缘进行增材加工。顶部凸缘增材后需要进行上表面的铣削，故将顶部凸缘向上偏置 2mm。增材的工序子类型选择旋转添料—绕部件螺旋，以此来生成顶部凸缘。设置增材工序参数，生成刀具轨迹并进行仿真，如图 5-59 所示。机床仿真情况如图 5-60 所示。

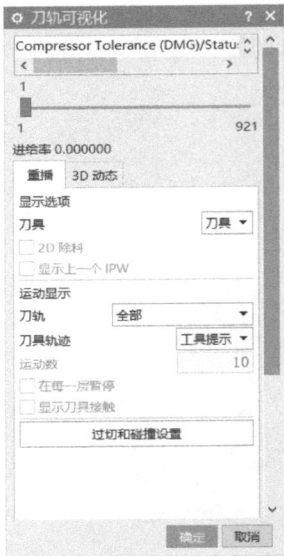

图 5-59　凸缘增材工序仿真

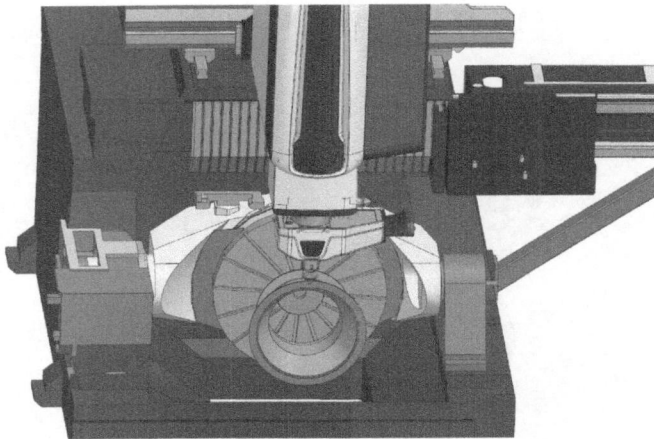

图 5-60　凸缘增材工序机床仿真

11）对凸缘上表面进行铣削加工。创建铣削工序，工序子类型选择外形轮廓铣。设置铣削参数，生成刀具轨迹并进行仿真，如图 5-61 所示。凸缘上表面铣削工序机床仿真如图 5-62 所示，凸缘上表面铣削工序的部分 G 代码如图 5-63 所示。

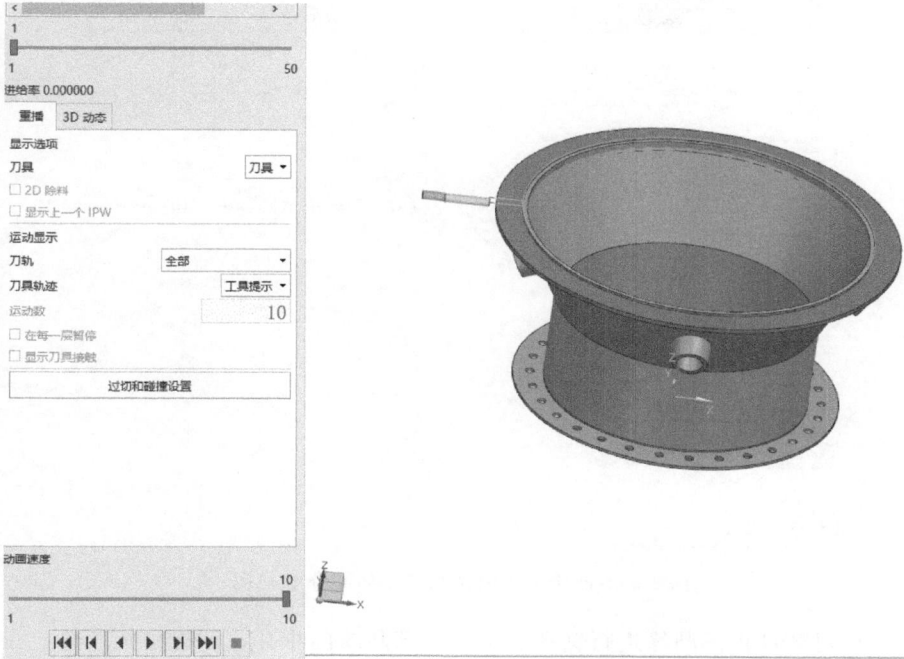

图 5-61　凸缘上表面铣削工序仿真

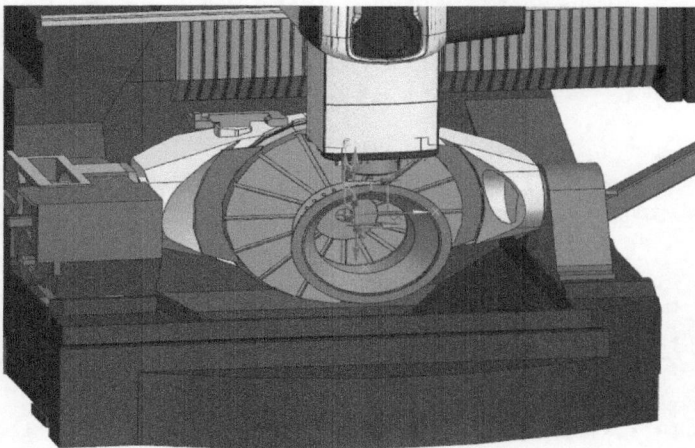

图 5-62　凸缘上表面铣削工序机床仿真

```
; ---- TOOL LIST BEGIN ----
;========================================================================
; TOOL TYPE        TOOL NUMBER    TOOL NAME
;========================================================================
; Milling          0              D10
;========================================================================
; ---- TOOL LIST END ----
;========================================================================
; POSTPROCESSOR DMG_XTXC_S840D_FD VERSION 1
; POSTPROCESSOR LAST SAVED: Date 2020:06:24 Time 22:59:42
; MACHINE - LASERTEC65_3Dhy_FD_TTAC_S840D
; NX VERSION - NX 1919.4341 2024/10/12 13:45:41 -
; DRAWING NUMBER
; DRAWING REVISION
; PROGRAM CREATED AT Mon Nov  4 21:27:41 2024
; PP RUN 1
; PROGRAMMER dell
N10 DEF REAL _camtolerance
N20 DEF REAL _F_CUTTING, _F_ENGAGE, _F_RETRACT
N30 DEF REAL Power, Powder1, Stirrer1, Powder2, Carriergas1, Carriergas2, Stirrer2, Shieldgas  ;Laser parameters
N40 DEF REAL DWELL_Different_Hopper, DWELL_Same_Hopper
N50 DEF REAL _X_HOME, _Y_HOME, _Z_HOME, _A_HOME, _C_HOME
N60 _X_HOME=100. _Y_HOME=-100. _Z_HOME=-1.
N70 _A_HOME=0.0 _C_HOME=0.0
N80 DWELL_Different_Hopper = 10
N90 DWELL_Same_Hopper = 3
N100 G40 G17 G710 G90
N110 CYCLE800()
N120 TRAFOOF
N130 TRANS
N140 IS_LASER_CONTROLLED=0 ; LASER POWER CONTROL OFF
N150 ;
N160 ;GROUP: STEP2
N170 ;Operation : FLOOR_WALL_1
N180 _camtolerance=.06
N190 ;
N200 ;TOOL TYPE : Milling Tool-5 Parameters
N210 ;TOOL DIAMETER   : 10.000000
N220 ;TOOL LENGTH     : 75.000000
N230 ;TOOL CORNER RADIUS: 0.000000
N240 SUPA G0 Z=_Z_HOME D0
N250 SUPA G0 X=_X_HOME Y=_Y_HOME D0
N260 SUPA G0 A=_A_HOME C=DC(_C_HOME)
N270 T="D10"
N280 M6
N290 G54
N300 D1
N310 SUPA G0 Z=_Z_HOME D0
N320 SUPA G0 X=_X_HOME Y=_Y_HOME D0
```

图 5-63   凸缘上表面铣削工序的部分 G 代码

12）对零件顶部凸缘进行钻孔。加工顶部凸缘的小孔，创建钻孔工序，工序子类型选择钻孔。设置钻孔参数，生成刀具轨迹并进行仿真，如图 5-64 所示。

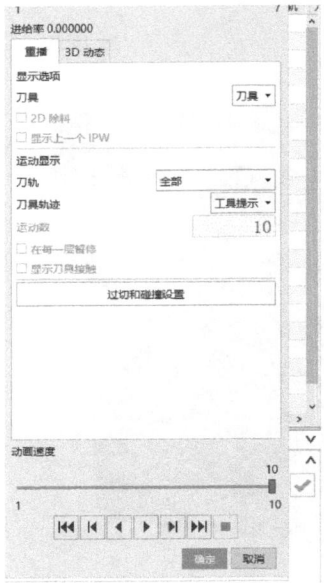

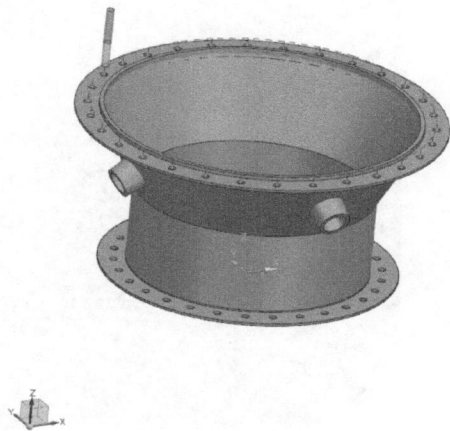

图 5-64   凸缘钻孔工序仿真

13）所有工序创建完成后，进行后处理操作，生成 NC 代码。

5.3.4　泵体的增减材复合制造工艺建模

1）将图 5-65 所示泵体的三维模型导入增材制造文件中，同时插入激光基体部分和激光头，创建分解体，生成底座、圆柱筒体、压盖、上和下方突出特征的链接体，如图 5-66 所示。

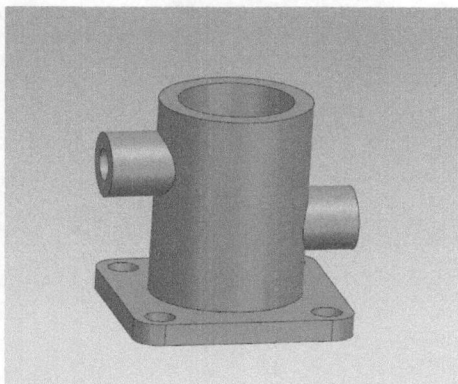

图 5-65　泵体的三维模型

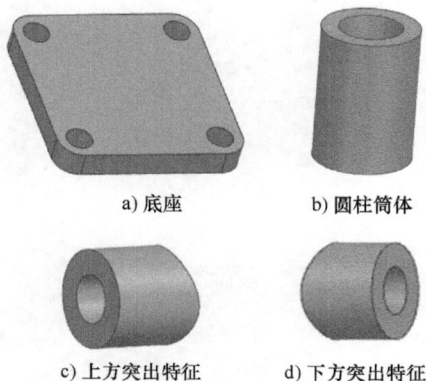

a) 底座　　b) 圆柱筒体

c) 上方突出特征　　d) 下方突出特征

图 5-66　泵体三维模型特征分解

2）对泵体零件基座进行增材加工。加工之前，先抽取基座的几何特征作为增材层，向上偏置 2mm，如图 5-67 所示。对底座的增材层进行加工处理，选择的增材工序为平面添料——轮廓及往复填充，选择增材特征以及基础面。设置相应的增材工序参数，生成刀具轨迹并进行仿真，观察激光的运动情况，如图 5-68 所示。底座增材工序的部分 G 代码如图 5-69 所示。

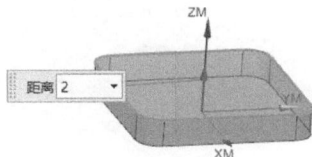

图 5-67　面的偏置

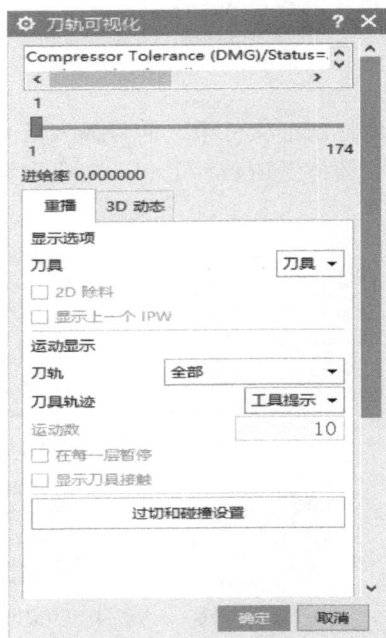

图 5-68　底座增材工序仿真

```
; ---- TOOL LIST BEGIN ----
; ====================================================================
; TOOL TYPE       TOOL NUMBER    TOOL NAME
; ====================================================================
; Laser          1              LASER_TOOL_COAX14_AA13_3MM
; ====================================================================
; ---- TOOL LIST END ----
;
; POSTPROCESSOR DMG_XTXC_S840D_FD VERSION 1
; POSTPROCESSOR LAST SAVED: Date 2020:06:24 Time 22:59:42
; MACHINE - LASERTEC65_3Dhy_FD_TTAC_S840D
; NX VERSION - NX 1919.4341 2024/11/01 14:39:13 -
; DRAWING NUMBER
; DRAWING REVISION
; PROGRAM CREATED AT Sun Nov  3 21:39:02 2024
; PP RUN 1
; PROGRAMMER dell
;
N10 DEF REAL _camtolerance
N20 DEF REAL _F_CUTTING, _F_ENGAGE, _F_RETRACT
N30 DEF REAL Power, Powder1, Stirrer1, Powder2, Carriergas1, Carriergas2, Stirrer2, Shieldgas  ;Laser parameters
N40 DEF REAL DWELL_Different_Hopper, DWELL_Same_Hopper
N50 DEF REAL _X_HOME, _Y_HOME, _Z_HOME, _A_HOME, _C_HOME
N60 _X_HOME=100. _Y_HOME=-100. _Z_HOME=-1.
N70 _A_HOME=0.0 _C_HOME=0.0
N80 DWELL_Different_Hopper = 10
N90 DWELL_Same_Hopper = 3
N100 G40 G17 G710 G90
N110 CYCLE800()
N120 TRAFOOF
N130 TRANS
```

图 5-69　底座增材工序的部分 G 代码

3）对增材生成的底座进行定心钻孔加工。首先创建定心钻孔刀具，创建定心钻孔工序，选择特征几何体，生成工序，如图 5-70 所示。设置定心钻孔参数，生成刀具轨迹并进行仿真，观察运动情况，如图 5-71 所示。

图 5-70　创建定心钻孔工序

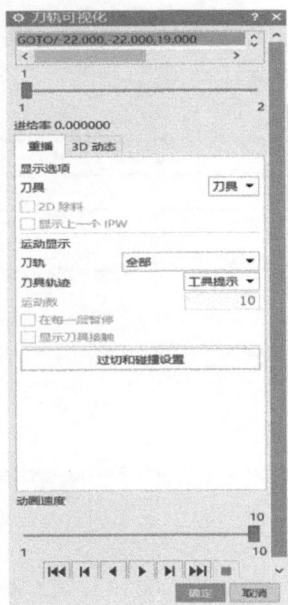

图 5-71　定心钻孔工序仿真

4）对底座进行钻孔加工。首先创建钻孔刀具，创建钻孔工序，选择特征几何体。设置钻孔参数，生成刀具轨迹并进行仿真，观察刀具的运动情况，如图 5-72 所示。钻孔工序的部分 G 代码如图 5-73 所示。

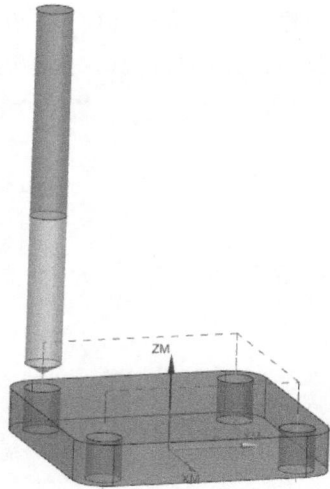

图 5-72　钻孔工序仿真

```
; ---- TOOL LIST BEGIN ----
; =============================================================================
; TOOL TYPE      TOOL NUMBER    TOOL NAME
; =============================================================================
; Drilling            0                    STD_DRILL
; =============================================================================
; ---- TOOL LIST END ----
;
; POSTPROCESSOR DMG_XTXC_S840D_FD VERSION 1
; POSTPROCESSOR LAST SAVED: Date 2020:06:24 Time 22:59:42
; MACHINE - LASERTEC65_3Dhy_FD_TTAC_S840D
; NX VERSION - NX 1919.4341 2024/11/01 14:57:02 -
; DRAWING NUMBER
; DRAWING REVISION
; PROGRAM CREATED AT Sun Nov  3 21:44:28 2024
; PP RUN 1
; PROGRAMMER dell
;
N10 DEF REAL _camtolerance
N20 DEF REAL _F_CUTTING, _F_ENGAGE, _F_RETRACT
N30 DEF REAL Power, Powder1, Stirrer1, Powder2, Carriergas1, Carriergas2, Stirrer2, Shieldgas  ;Laser parameters
N40 DEF REAL DWELL_Different_Hopper, DWELL_Same_Hopper
N50 DEF REAL _X_HOME, _Y_HOME, _Z_HOME, _A_HOME, _C_HOME
N60 _X_HOME=100. _Y_HOME=-100. _Z_HOME=-1.
N70 _A_HOME=0.0 _C_HOME=0.0
N80 DWELL_Different_Hopper = 10
N90 DWELL_Same_Hopper = 3
N100 G40 G17 G710 G90
N110 CYCLE800()
N120 TRAFOOF
N130 TRANS
N140 IS_LASER_CONTROLLED=0 ; LASER POWER CONTROL OFF
N150 ;
N160 ;GROUP: STEP2
N170 ;Operation : DRILLING
N180 _camtolerance=.06
```

图 5-73　钻孔工序的部分 G 代码

5）对底座表面进行铣削加工。首先创建铣削刀具，创建平面铣工序，选择切削区底面，选择毛坯，选择指定部件。设置铣削参数，生成刀具轨迹并进行仿真，观察铣刀运动情况，如图 5-74 所示。

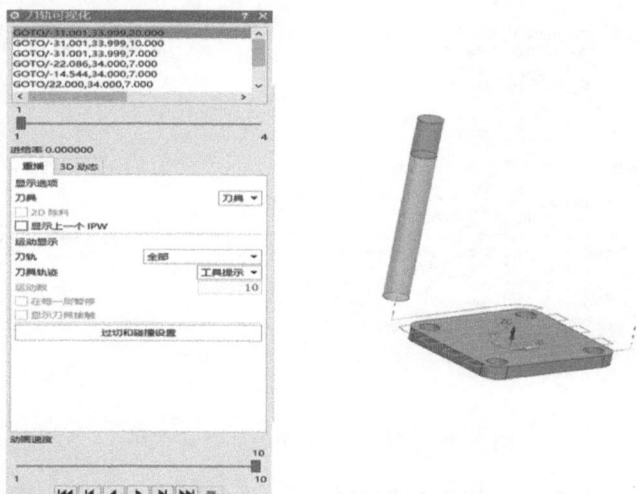

图 5-74　底座铣削工序仿真

6）对底座上的筒体进行增材加工。加工前筒体向内偏置 2mm，选择的增材工序为平面添料—螺旋向内向外，选择附加特征，选择基础面。设置增材工序参数，生成刀具轨迹并进行仿真，观察激光运动情况，如图 5-75 所示。筒体增材工序的部分 G 代码如图 5-76 所示。

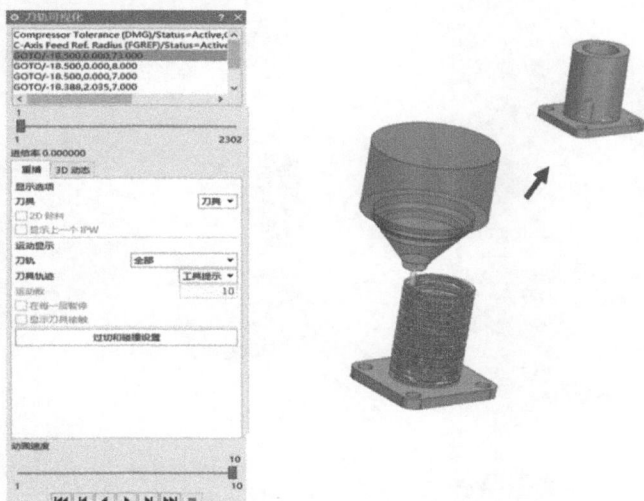

图 5-75　筒体增材工序仿真

```
; ---- TOOL LIST BEGIN ----
; ===================================================================
; TOOL TYPE     TOOL NUMBER    TOOL NAME
; ===================================================================
; Laser          1                     LASER_TOOL_COAX14_AA13_3MM
; ===================================================================
; ---- TOOL LIST END ----
;
; POSTPROCESSOR DMG_XTXC_S840D_FD VERSION 1
; POSTPROCESSOR LAST SAVED: Date 2020:06:24 Time 22:59:42
; MACHINE - LASERTEC65_3Dhy_FD_TTAC_S840D
; NX VERSION - NX 1919.4341 2024/11/01 18:33:51 -
; DRAWING NUMBER
; DRAWING REVISION
; PROGRAM CREATED AT Sun Nov  3 21:48:51 2024
; PP RUN 1
; PROGRAMMER dell
;
N10 DEF REAL _camtolerance
N20 DEF REAL _F_CUTTING, _F_ENGAGE, _F_RETRACT
N30 DEF REAL Power, Powder1, Stirrer1, Powder2, Carriergas1, Carriergas2, Stirrer2, Shieldgas  ;Laser parameters
N40 DEF REAL DWELL_Different_Hopper, DWELL_Same_Hopper
N50 DEF REAL _X_HOME, _Y_HOME, _Z_HOME, _A_HOME, _C_HOME
N60 _X_HOME=100. _Y_HOME=-100. _Z_HOME=-1.
N70 _A_HOME=0.0 _C_HOME=0.0
N80 DWELL_Different_Hopper = 10
N90 DWELL_Same_Hopper = 3
N100 G40 G17 G710 G90
N110 CYCLE800()
N120 TRAFOOF
N130 TRANS
```

图 5-76　筒体增材工序的部分 G 代码

7）对泵体下方的圆柱体进行增材加工。选择的增材工序类型为旋转添料—螺旋向内向外，选择附加特征，选择基础面，输出轴设置为远离旋转轴。设置增材工序参数，生成刀具轨迹并进行仿真，如图 5-77 所示。下方圆柱体增材工序的部分 G 代码如图 5-78 所示。

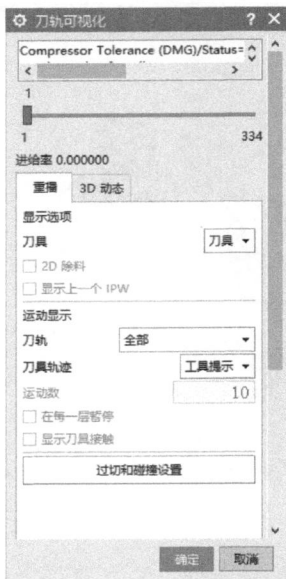

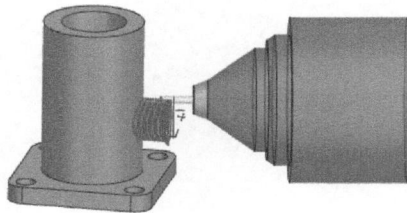

图 5-77　下方圆柱体增材工序仿真

```
; ---- TOOL LIST BEGIN ----
; ==================================================================
; TOOL TYPE      TOOL NUMBER    TOOL NAME
; ==================================================================
; Laser          1                       LASER_TOOL_COAX14_AA13_3MM
; ==================================================================
; ---- TOOL LIST END ----
;
; POSTPROCESSOR DMG_XTXC_S840D_FD VERSION 1
; POSTPROCESSOR LAST SAVED: Date 2020:06:24 Time 22:59:42
; MACHINE - LASERTEC65_3Dhy_FD_TTAC_S840D
; NX VERSION - NX 1919.4341 2024/11/01 18:12:58 -
; DRAWING NUMBER
; DRAWING REVISION
; PROGRAM CREATED AT Sun Nov  3 21:52:09 2024
; PP RUN 1
; PROGRAMMER dell
;
N10 DEF REAL _camtolerance
N20 DEF REAL _F_CUTTING, _F_ENGAGE, _F_RETRACT
N30 DEF REAL Power, Powder1, Stirrer1, Powder2, Carriergas1, Carriergas2, Stirrer2, Shieldgas  ;Laser parameters
N40 DEF REAL DWELL_Different_Hopper, DWELL_Same_Hopper
N50 DEF REAL _X_HOME, _Y_HOME, _Z_HOME, _A_HOME, _C_HOME
N60 _X_HOME=100. _Y_HOME=-100. _Z_HOME=-1.
N70 _A_HOME=0.0 _C_HOME=0.0
N80 DWELL_Different_Hopper = 10
N90 DWELL_Same_Hopper = 3
N100 G40 G17 G710 G90
N110 CYCLE800()
N120 TRAFOOF
N130 TRANS
N140 IS_LASER_CONTROLLED=0 ; LASER POWER CONTROL OFF
N150 ;
N160 ;GROUP: STEP2
N170 ;Operation : ROTARY_ADDITIVE_SPIRAL_1
N180 _camtolerance=.06
N190 ;
```

图 5-78　下方圆柱体增材工序的部分 G 代码

8）对下方圆柱体进行钻孔加工。首先创建钻孔刀具，创建钻孔工序，选择特征几何体。设置钻孔参数，生成刀具轨迹并进行仿真，观察刀具的运动情况，如图 5-79 所示。

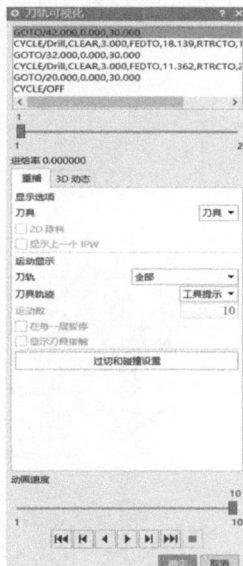

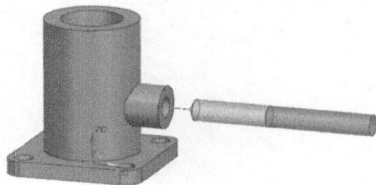

图 5-79　下方圆柱体钻孔工序仿真

9）对泵体上方的圆柱体进行增材加工。选择的增材工序类型为旋转添料——螺旋向内向外，选择附加特征，选择基础面，输出轴设置为远离旋转轴。设置增材工序参数，生成刀具轨迹并进行仿真，如图 5-80 所示。

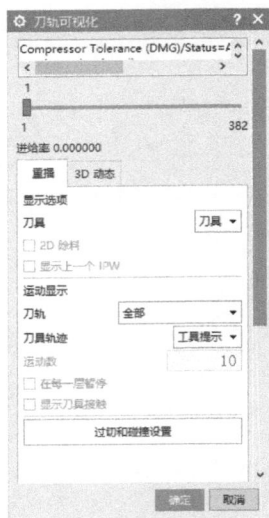

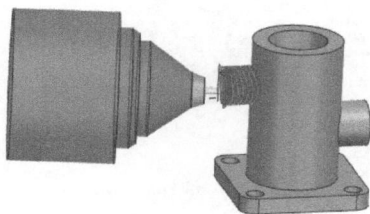

图 5-80　上方圆柱体增材工序仿真

10）对上方圆柱体进行钻孔加工。首先创建钻孔刀具，创建钻孔工序，选择特征几何体。设置钻孔参数，生成刀具轨迹并进行仿真，观察刀具的运动情况，如图 5-81 所示。

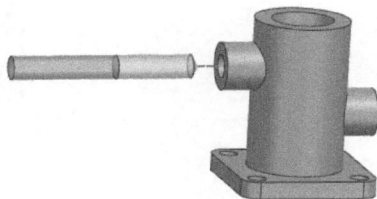

图 5-81　上方圆柱体钻孔工序仿真

11）对泵体筒体内部表面进行铣削加工。选择的工序类型选择为壁轮廓铣，选择切削壁与切削面、毛坯与部件。设置钻孔参数，生成刀具轨迹并进行仿真，观察刀具的运动情况，如图 5-82 所示。

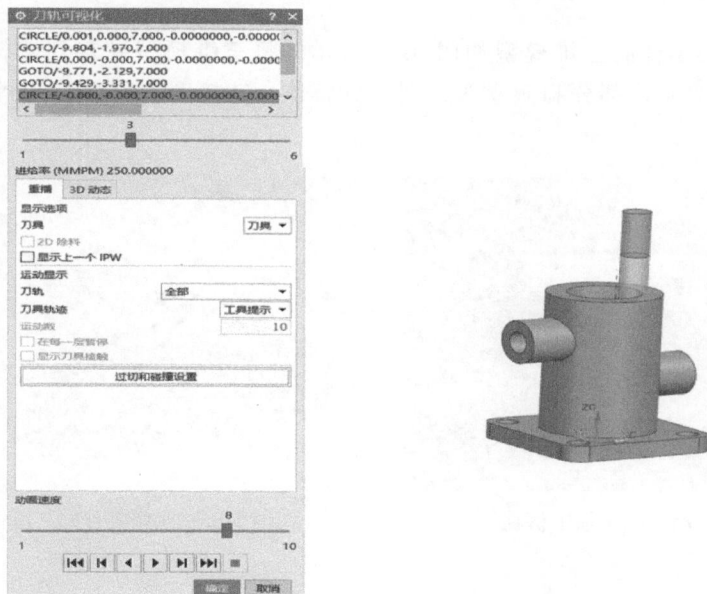

图 5-82　筒体内部铣削工序仿真

12）将机床的 a 轴与零件各个实体特征相连接（见图 5-83），以方便进行后续的机床仿真，观察机床的五轴运动情况。

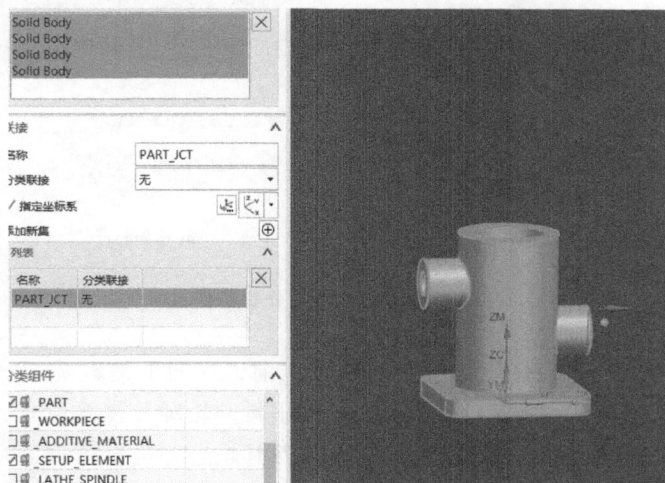

图 5-83　机床 a 轴与零件连接

13）选择机床仿真中的基于机床代码仿真，观察机床五轴加工泵体的运动情况，如图 5-84 所示。

5.3.5 叉架零件的增减材复合制造工艺建模

1）叉架零件的三维模型如图 5-85 所示。将三维模型导入到增材制造文件中，插入激光基体部分和激光头，创建分解体，链接图 5-86 所示几个叉架零件分解特征。

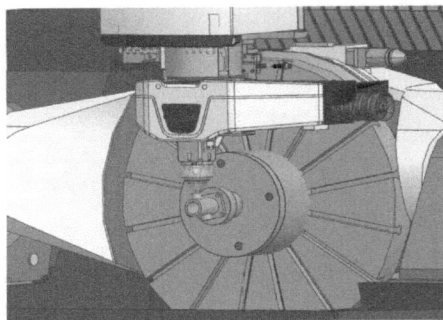

图 5-84　机床加工仿真

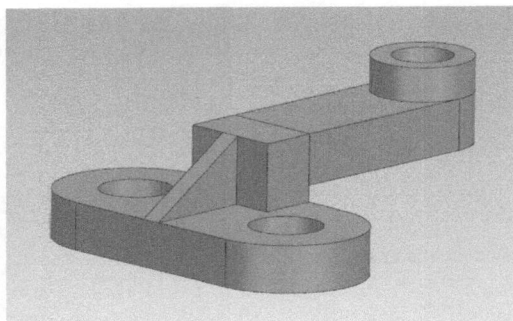

图 5-85　叉架零件的三维模型

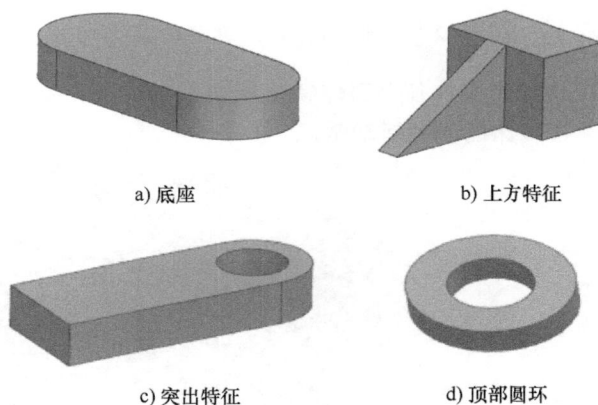

a) 底座

b) 上方特征

c) 突出特征

d) 顶部圆环

图 5-86　叉架零件分解特征

2）对支架底座进行增材加工。增材加工前，先向上偏置 2mm，以方便后续进行铣削加工。选择的增材工序类型为平面添料—轮廓及往复填充，选择增材特征，选择基础面。设置增材工序参数，生成刀具轨迹并进行仿真，观察激光的运动情况，如图 5-87 所示。底座增材工序的部分 G 代码如图 5-88 所示。

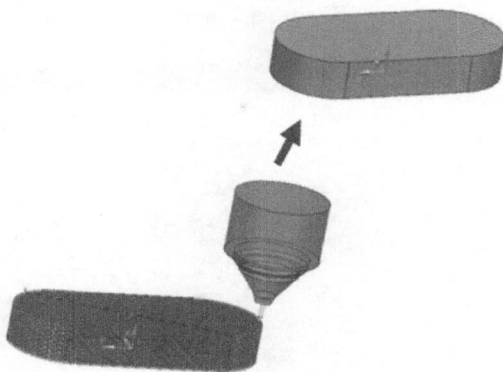

图 5-87　底座增材工序仿真

```
; ---- TOOL LIST BEGIN ----
; ==============================================================================
; TOOL TYPE       TOOL NUMBER    TOOL NAME
; ==============================================================================
; Laser          1                        LASER_TOOL_COAX14_AA13_3MM
; ==============================================================================
; ---- TOOL LIST END ----
;
; POSTPROCESSOR DMG_XTXC_S840D_FD VERSION 1
; POSTPROCESSOR LAST SAVED: Date 2020:06:24 Time 22:59:42
; MACHINE - LASERTEC65_3Dhy_FD_TTAC_S840D
; NX VERSION - NX 1919.4341 2024/11/01 19:35:38 -
; DRAWING NUMBER
; DRAWING REVISION
; PROGRAM CREATED AT Sun Nov  3 21:55:49 2024
; PP RUN 1
; PROGRAMMER dell
;
N10 DEF REAL _camtolerance
N20 DEF REAL _F_CUTTING, _F_ENGAGE, _F_RETRACT
N30 DEF REAL Power, Powder1, Stirrer1, Powder2, Carriergas1, Carriergas2, Stirrer2, Shieldgas   ;Laser parameters
N40 DEF REAL DWELL_Different_Hopper, DWELL_Same_Hopper
N50 DEF REAL _X_HOME, _Y_HOME, _Z_HOME, _A_HOME, _C_HOME
N60 _X_HOME=100. _Y_HOME=-100. _Z_HOME=-1.
N70 _A_HOME=0.0 _C_HOME=0.0
N80 DWELL_Different_Hopper = 10
N90 DWELL_Same_Hopper = 3
N100 G40 G17 G710 G90
N110 CYCLE800()
N120 TRAFOOF
N130 TRANS
N140 IS_LASER_CONTROLLED=0 ; LASER POWER CONTROL OFF
N150 ;
N160 ;GROUP: STEP2
N170 ;Operation : PLANAR_ADDITIVE_PROFILE_ZIGZAG_INFILL
N180 _camtolerance=.06
N190 ;
N200 ;TOOL TYPE ：沉积激光
N210 ;TOOL DIAMETER       : 3.000000
N220 ;TOOL LENGTH         : 13.000000
N230 ;TOOL CORNER RADIUS: 0.000000
N240 SUPA G0 Z=_Z_HOME D0
```

图 5-88　底座增材工序的部分 G 代码

3）对增材生成的底座进行定心钻孔加工。首先创建定心钻孔刀具，创建定心钻孔工序，如图 5-89 所示。选择特征几何体，设置钻孔工序参数，进行仿真，观察刀具的运动情况，如图 5-90 所示。

图 5-89　创建定心钻孔工序

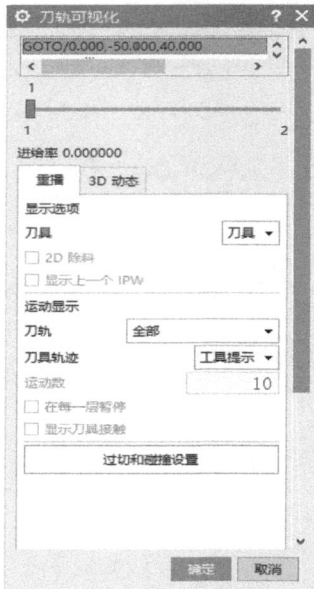

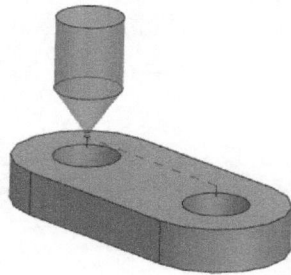

图 5-90　定心钻孔工序仿真

4) 对底座的通孔进行钻孔加工。创建钻孔刀具，生成钻孔工序。选择需要加工的孔，生成刀具轨迹并进行仿真，观察刀具的运动情况，如图 5-91 所示。底座钻孔工序的部分 G 代码如图 5-92 所示。

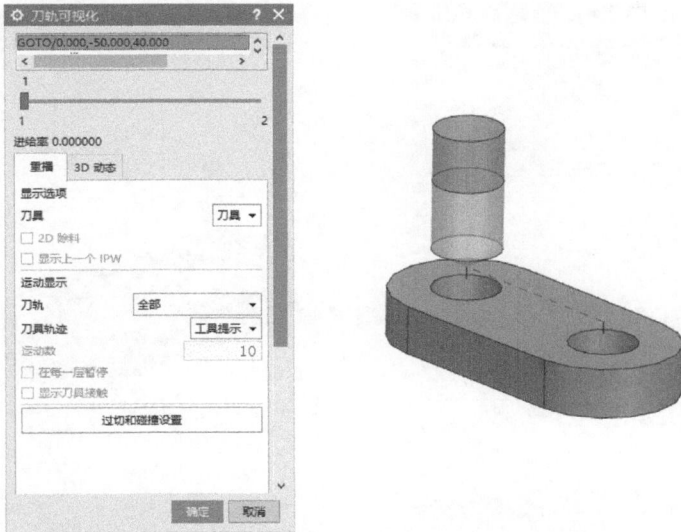

图 5-91　底座钻孔工序仿真

```
; ---- TOOL LIST BEGIN ----
;=====================================================================
; TOOL TYPE      TOOL NUMBER     TOOL NAME
;=====================================================================
; Drilling                0                    STD_DRILL
;=====================================================================
; ---- TOOL LIST END ----
;
; POSTPROCESSOR DMG_XTXC_S840D_FD VERSION 1
; POSTPROCESSOR LAST SAVED: Date 2020:06:24 Time 22:59:42
; MACHINE - LASERTEC65_3Dhy_FD_TTAC_S840D
; NX VERSION - NX 1919.4341 2024/11/03 20:29:18 -
; DRAWING NUMBER
; DRAWING REVISION
; PROGRAM CREATED AT Sun Nov  3 21:59:48 2024
; PP RUN 1
; PROGRAMMER dell
N10 DEF REAL _camtolerance
N20 DEF REAL _F_CUTTING, _F_ENGAGE, _F_RETRACT
N30 DEF REAL Power, Powder1, Stirrer1, Carriergas1, Carriergas2, Stirrer2, Shieldgas  ;Laser parameters
N40 DEF REAL DWELL_Different_Hopper, DWELL_Same_Hopper
N50 DEF REAL _X_HOME, _Y_HOME, _Z_HOME, _A_HOME, _C_HOME
N60 _X_HOME=100. _Y_HOME=-100. _Z_HOME=-1.
N70 _A_HOME=0.0 _C_HOME=0.0
N80 DWELL_Different_Hopper = 10
N90 DWELL_Same_Hopper = 3
N100 G40 G17 G710 G90
N110 CYCLE800()
N120 TRAFOOF
N130 TRANS
N140 IS_LASER_CONTROLLED=0 ; LASER POWER CONTROL OFF
N150 ;
N160 ;GROUP: STEP2
N170 ;Operation : DRILLING
N180 _camtolerance=.06
N190 ;
N200 ;TOOL TYPE : Drilling Tool
N210 ;TOOL DIAMETER    : 36.000000
N220 ;TOOL LENGTH      : 80.000000
N230 ;TOOL CORNER RADIUS: 0.000000
N240 SUPA G0 Z=_Z_HOME D0
N250 SUPA G0 X=_X_HOME Y=_Y_HOME D0
N260 SUPA G0 A=_A_HOME C=DC(_C_HOME)
N270 T="STD_DRILL"
N280 M6
N290 G54
N300 D1
```

图 5-92　底座钻孔工序的部分 G 代码

5）对底座表面进行铣削加工。创建铣刀，创建平面铣削工序。选择毛坯，选择指定部件，生成刀具轨迹并进行仿真，观察刀具的运动情况，如图 5-93 所示。

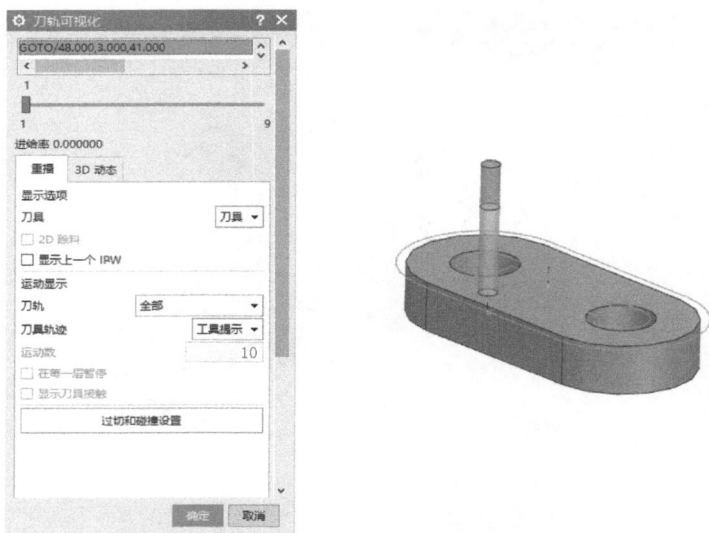

图 5-93　底座表面铣削工序仿真

6）减材加工完成之后，对中间支撑进行增材加工，创建平面添料—轮廓及往复填充。选择附加特征，选择相应基础面，生成刀具轨迹并进行仿真，观察激光的运动情况，如图 5-94 所示。中间支撑增材工序的部分 G 代码如图 5-95 所示。

图 5-94　中间支撑增材工序仿真

```
; ---- TOOL LIST BEGIN ----
; ======================================================================================
; TOOL TYPE      TOOL NUMBER    TOOL NAME
; ======================================================================================
; Laser           1                          LASER_TOOL_COAX14_AA13_3MM
; ======================================================================================
; ---- TOOL LIST END ----
; POSTPROCESSOR DMG_XTXC_S840D_FD VERSION 1
; POSTPROCESSOR LAST SAVED: Date 2020:06:24 Time 22:59:42
; MACHINE - LASERTEC65_3Dhy_FD_TTAC_S840D
; NX VERSION - NX 1919.4341 2024/11/03 20:54:17 -
; DRAWING NUMBER
; DRAWING REVISION
; PROGRAM CREATED AT Mon Nov  4 19:48:49 2024
; PP RUN 1
; PROGRAMMER dell
N10 DEF REAL _camtolerance
N20 DEF REAL _F_CUTTING, _F_ENGAGE, _F_RETRACT
N30 DEF REAL Power, Powder1, Stirrer1, Powder2, Carriergas1, Carriergas2, Stirrer2, Shieldgas  ;Laser parameters
N40 DEF REAL DWELL_Different_Hopper, DWELL_Same_Hopper
N50 DEF REAL _X_HOME, _Y_HOME, _Z_HOME, _A_HOME, _C_HOME
N60 _X_HOME=100. _Y_HOME=-100. _Z_HOME=-1.
N70 _A_HOME=0.0 _C_HOME=0.0
N80 DWELL_Different_Hopper = 10
N90 DWELL_Same_Hopper = 3
N100 G40 G17 G710 G90
N110 CYCLE800()
N120 TRAFOOF
N130 TRANS
N140 IS_LASER_CONTROLLED=0 ; LASER POWER CONTROL OFF
N150 ;
N160 ;GROUP: STEP2
N170 ;Operation : PLANAR_ADDITIVE_PROFILE_ZIGZAG_INFILL_1
N180 _camtolerance=.06
N190 ;
N200 ;TOOL TYPE : 沉积激光
N210 ;TOOL DIAMETER     : 3.000000
N220 ;TOOL LENGTH       : 13.000000
```

图 5-95　中间支撑增材工序的部分 G 代码

7）对突出部分进行增材加工。选择的增材工序为平面添料—轮廓及往复填充。选择附加特征，选择基础面，设置切面轴的矢量，生成刀具轨迹并进行仿真，观察激光的运动情况，如图 5-96 所示。突出部分增材工序的部分 G 代码如图 5-97 所示。

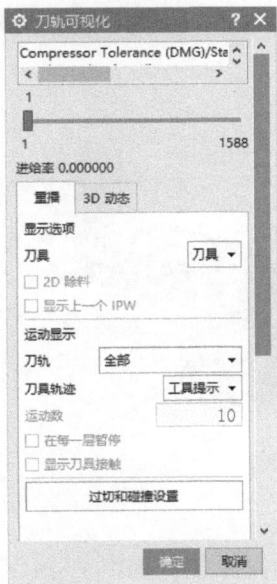

图 5-96　突出部分增材工序仿真

```
; ---- TOOL LIST BEGIN ----
; ======================================================================
; TOOL TYPE      TOOL NUMBER    TOOL NAME
; ======================================================================
; Laser         1              LASER_TOOL_COAX14_AA13_3MM
; ======================================================================
; ---- TOOL LIST END ----
;
; POSTPROCESSOR DMG_XTXC_S840D_FD VERSION 1
; POSTPROCESSOR LAST SAVED: Date 2020:06:24 Time 22:59:42
; MACHINE - LASERTEC65_3Dhy_FD_TTAC_S840D
; NX VERSION - NX 1919.4341 2024/11/03 21:04:54 -
; DRAWING NUMBER
; DRAWING REVISION
; PROGRAM CREATED AT Mon Nov  4 19:43:39 2024
; PP RUN 1
; PROGRAMMER dell
;
N10 DEF REAL _camtolerance
N20 DEF REAL _F_CUTTING, _F_ENGAGE, _F_RETRACT
N30 DEF REAL Power, Powder1, Stirrer1, Powder2, Carriergas1, Carriergas2, Stirrer2, Shieldgas  ;Laser parameters
N40 DEF REAL DWELL_Different_Hopper, DWELL_Same_Hopper
N50 DEF REAL _X_HOME, _Y_HOME, _Z_HOME, _A_HOME, _C_HOME
N60 _X_HOME=100. _Y_HOME=-100. _Z_HOME=-1.
N70 _A_HOME=0.0 _C_HOME=0.0
N80 DWELL_Different_Hopper = 10
N90 DWELL_Same_Hopper = 3
N100 G40 G17 G710 G90
N110 CYCLE800()
N120 TRAFOOF
N130 TRANS
N140 IS_LASER_CONTROLLED=0 ; LASER POWER CONTROL OFF
N150 ;
N160 ;GROUP: STEP2
N170 ;Operation : PLANAR_ADDITIVE_PROFILE_ZIGZAG_INFILL_2
N180 _camtolerance=.06
N190 ;
N200 ;TOOL TYPE : 沉积激光
N210 ;TOOL DIAMETER     : 3.000000
N220 ;TOOL LENGTH       : 13.000000
N230 ;TOOL CORNER RADIUS: 0.000000
```

图 5-97　突出部分增材工序的部分 G 代码

8）对突出特征进行钻孔加工。创建中心钻孔刀具，创建定心钻孔工序。选择特征几何体，生成刀具轨迹并进行仿真，观察刀具的运动情况，如图 5-98 所示。

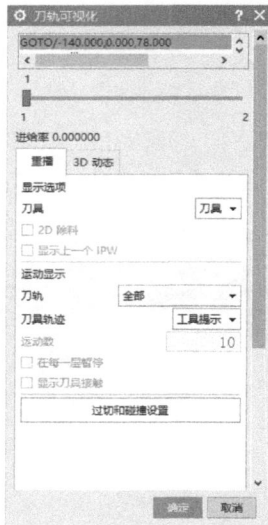

图 5-98　突出特征定心钻孔工序仿真

9）对通孔进行钻孔加工。创建钻孔刀具，生成钻孔工序。选择需要加工的孔，生成刀具轨迹并进行仿真，观察刀具的运动情况，如图 5-99 所示。

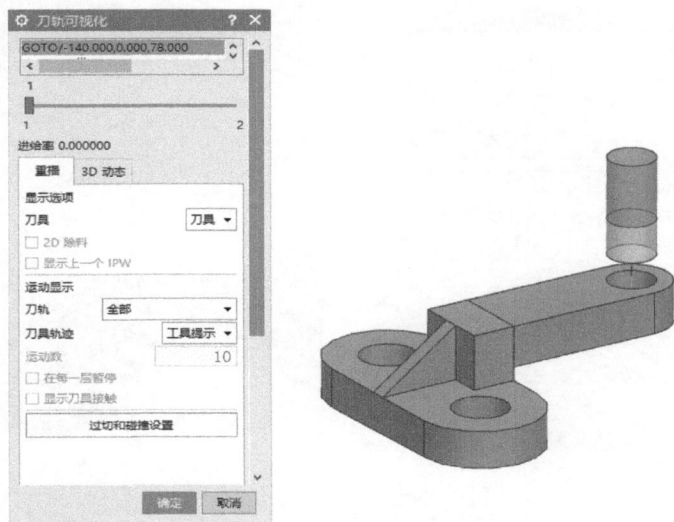

图 5-99　通孔钻孔工序仿真

10）对突出特征上部进行增材加工。选择的增材工序类型为平面添料—螺旋向内向外，选择附加特征，选择基础面，生成刀具轨迹并进行仿真，观察激光的运动情况，如图 5-100 所示。

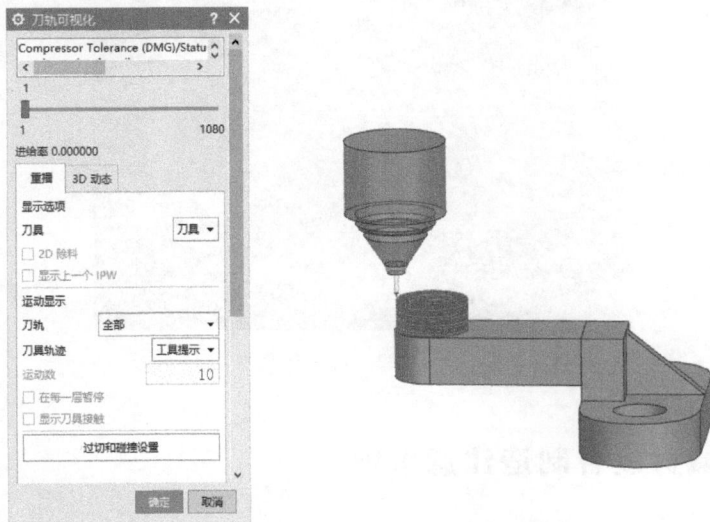

图 5-100　突出特征上部增材工序仿真

11）将机床的 a 轴与零件各个实体特征相连接，以方便进行后续的机床仿真，观察机床的五轴运动情况，如图 5-101 所示。

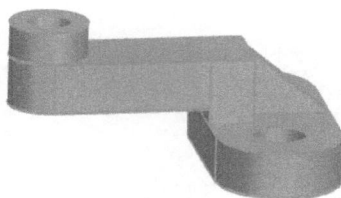

图 5-101　机床 a 轴与零件各个实体特征相连接

12）选择机床仿真中的基于机床代码仿真，观察机床五轴加工泵体的运动情况，如图 5-102 所示。

图 5-102　机床仿真

5.4　增减材复合制造注意事项

1. 建模编程注意事项

建模时，应注意机床工作空间、刀具尺寸及加工精度；编程时，应注意共建坐标系与机床坐标系统；程序编写后，应进行机床轨迹仿真，验证加工轨迹，同时，判断刀具与工作台、工件、夹具等是否发生干涉，检查程序代码与机床代码是否一致。

2. 准备工作注意事项

（1）粉末准备　粉末粒径、流动性应符合机床要求，粒径偏大会导致送粉系统堵塞，粒径偏小会导致粉末无法聚集于激光焦点处；粉末应进行干燥处理，去除粉末中的水分，避免粉末堵塞喷头。

（2）刀具准备　对于激光喷头，应确保冷却液充足，保护镜片清洁无损；刀具卸载时，应注意先在机床刀具系统中卸载，然后在刀库中卸载；刀具装夹时，应注意刀柄的装夹方向，保证刀具装夹到位，避免换刀失败；换刀时，应注意移动速度，速度太快容易出现换刀失败和刀具掉落。

（3）机床准备　应检查空压机、润滑系统是否正常运行，冷却液、切削液是否充足，机床温湿度是否正常，输送气体、保护气体压力是否正常。

（4）工件准备　应检查装夹是否牢固；设定工件坐标时，应注意控制探头移动速度，探头在非自动测量状态时，不能与任何物品触碰。

（5）程序准备　程序导入机床后，应再次检查是否正确，代码与机床代码是否一致；加工前应进行程序模拟。

3. 加工过程中的注意事项

加工过程中，应时刻注意刀具是否可能与工作台、工件、夹具发生干涉。增材过程中，应注意观察激光喷头与工件距离及熔池宽度，及时修正加工参数，避免离焦或碰撞；应及时检查工件尺寸并修正加工参数，避免加工误差累积；应注意保护镜片温度，温度超过 40℃ 时，应及时清理保护镜片，温度超过 50℃ 时，应立即更换保护镜片。减材过程中，应注意控制进给量和加工速度，进给量和加工速度过大时，工件装夹容易发生松动，应调整加工参数、加固零件装夹。

4. 加工完成后的注意事项

增材加工完成后，应注意不能立即打开舱门检查，避免高温烫伤和粉末飞溅散落。减材加工完成后，应注意清理干净工作台后，再开舱检查，避免切屑散落于非工作区域。

参 考 文 献

[1] 卢秉恒，李涤尘. 增材制造（3D 打印）技术发展 [J]. 机械制造与自动化，2013，42（4）：1-4.

[2] 耿鹏，陈道兵，周燕，等. 增材制造智能材料研究现状及展望 [J]. 材料工程，2022，50（6）：12-26.

[3] 邹斌，全涛，张广旭，等. 材料体系和孔隙率梯度增强结构对 3D 打印氧化铝多孔陶瓷的性能影响 [J]. 航空制造技术，2025，68（3）：22-29.

[4] 张聘，王奉晨，李玥萱，等. 连续纤维增强复合材料 3D 打印技术现状及展望 [J]. 航空制造技术，2023，66（16）：76-87.

[5] 徐冰冰，李雅南，来庆国，等. 3D 打印术前设计和内镜辅助在颧骨颧弓骨折复位固定术中的应用 [J]. 中国口腔颌面外科杂志，2018，16（1）：44-47.

[6] 李莎莎，马贤骅，邢宏宇，等. 光固化/喷射沉积复合多材料陶瓷增材装备设计与开发 [J]. 上海航天（中英文），2025，42（1）：91-101.

[7] 廉艳平，王潘丁，高杰，等. 金属增材制造若干关键力学问题研究进展 [J]. 力学进展，2021，51（3）：648-701.

[8] 王鑫锋. 陶瓷零件增-减材复合制造的精度控制建模与工艺研究 [D]. 济南：山东大学，2021.

[9] 邢宏宇. 面向立体光刻 3D 打印的高固相含量陶瓷膏料配制方法及其成形性能研究 [D]. 济南：山东大学，2020.

[10] 颜静静. 面向复杂结构件的增减材复合制造工序规划方法研究 [D]. 济南：山东大学，2022.

[11] 云峰，王有治，宋娇，等. 增材制造自支撑点阵-实体复合结构拓扑优化方法 [J]. 图学学报，2023，44（5）：1013-1020.

[12] LI X，YU H Y，ZONG H Z，et al. Light weight design and integrated method for manufacturing hydraulic wheel-legged robots [J]. Journal of Zhejiang University-Science A（Applied Physics & Engineering），2024，25（9）：701-715.

[13] SUN H，ZOU B，QUAN T，et al. Multi-material ceramic hybrid additive manufacturing based on vat photopolymerization and material extrusion compound process [J]. Additive Manufacturing，2025，97：104627.

[14] 周祁杰，郭丹，叶志鹏，等. 国内外增材制造标准建设现状及分析 [J]. 电焊机，2024，54（4）：1-12.

[15] 黄小东，徐春林，王春香. 增材制造行业人才需求与职业院校专业设置匹配分析 [J]. 中国职业技术教育，2022（30）：30-39.

[16] 许冠南，方梦媛，周源. 新兴产业政策与创新生态系统演化研究：以增材制造产业为例 [J]. 中国工程科学，2020，22（2）：108-119.

[17] 万勇，黄健. 国外增材制造发展政策与研究进展概述 [J]. 新材料产业，2016（6）：2-6.

[18] 左世全，李方正. 我国增材制造产业发展趋势及对策建议 [J]. 经济纵横，2018（1）：74-80.

[19] 高燕, 叶敏, 吴强, 等. 我国增材制造产业基础能力提升方法建议 [J]. 电加工与模具, 2021 (3): 49-55.

[20] 李方正, 李博, 郭丹. 中国增材制造产业发展现状与趋势展望 [J]. 工业技术创新, 2023, 10 (3): 1-8.

[21] 王嵘, 王百涛, 高帅龙. 增材制造技术在不同材料和部件上的应用 [J]. 包装学报, 2025, 17 (1): 12-22.

[22] DING H, ZOU B, WANG X, et al. Microstructure, mechanical properties and machinability of 316L stainless steel fabricated by direct energy deposition [J]. International Journal of Mechanical Sciences, 2023, 243: 108046.

[23] YU Y, ZOU B, WANG X, et al. Rheological behavior and curing deformation of paste containing 85wt% Al_2O_3 ceramic during SLA-3D printing [J]. Ceramics International, 2022, 48 (17): 24560-24570.

[24] 邢飞, 刘琦. 数字化增材制造的研究进展与发展趋势 [J]. 沈阳工业大学学报, 2024, 46 (5): 654-664.

[25] WANG X, ZOU B, LI L, et al. Manufacturing of a ceramic groove part based on additive and subtractive technologies [J]. Ceramics International, 2021, 47 (1): 740-747.

[26] LIU W B, ZOU B, WANG X F, et al. Enhanced high temperature mechanical and oxidation behavior of direct energy deposited TiC/Inconel 718 gradient coatings [J]. Applied Surface Science, 2025, 680: 161361.

[27] 杜全斌, 王蕾, 赵伟伟, 等. 激光增材制造金刚石工具的研究现状与展望 [J]. 金属加工 (热加工), 2025, (3): 17-29.

[28] 李景乾, 菅晓霞, 万文轩. 基于冷金属过渡焊接的铝合金增材制造工艺研究 [J]. 武汉工程大学学报, 2024, 46 (6): 657-662, 675.

[29] 张红梅, 顾冬冬. 激光增材制造镍基高温合金构件形性调控及在航空航天中的应用 [J]. 电加工与模具, 2020 (6): 1-10, 24.

[30] 王予. IN718 合金同轴送粉激光沉积层与熔池形貌特征的模拟研究 [D]. 广州: 华南理工大学, 2020.

[31] 高建. 激光粉床熔融 TiB2 改性 Cu/Ni 异质材料成形工艺与力学性能研究 [D]. 济南: 山东大学, 2023.

[32] DING D, PAN Z, CUIURI D, et al. A practical path planning methodology for wire and arc additive manufacturing of thin-walled structures [J]. Robotics and Computer-Integrated Manufacturing, 2015, 34: 8-19.

[33] 黄传真, 刘含莲, 刘大志, 等. 基于切削可靠性的新型陶瓷刀具材料的研制 [J]. 材料导报, 2004 (3): 88-90.

[34] 刘日良, 张先芝, 张承瑞. STEP 兼容式数控加工技术研究进展 [J]. 计算机集成制造系统, 2007 (8): 1608-1615.

[35] 刘日良, 张承瑞, 王金江, 等. 自适应数控编程与加工系统的设计与实现 [J]. 中国机械工程, 2009, 20 (2): 191-197.

[36] GUO P, ZOU B, HUANG C, et al. Study on microstructure, mechanical properties and machinability of efficiently additive manufactured AISI 316L stainless steel by high-power direct

laser deposition [J]. Journal of Materials Processing Technology, 2017, 240: 12-22.

[37] 贾天昊. 定向能量沉积镍基高温合金的力学性能及其减材铣削性能研究 [D]. 济南: 山东大学, 2022.

[38] 张艺琳. 磨料水射流去除深孔及交叉孔毛刺的加工技术及机理研究 [D]. 济南: 山东大学, 2021.

[39] 丁宏健. 316L 不锈钢构件定向能量沉积增材与铣削减材复合加工性能研究 [D]. 济南: 山东大学, 2022.

[40] 冀浩楠. 液压元件流道结构的智能设计优化及其增减材复合制造方法研究 [D]. 济南: 山东大学, 2022.

[41] 李仲宇, 李迎光, 刘长青. 基于 5+1 轴的增减材混合加工验证平台设计与研制 [J]. 航空制造技术, 2018, 61 (8): 97-101.

[42] 颜瑞峰, 麻明章, 许建波. 激光熔覆同轴送粉过程的两相流模拟与试验研究 [J]. 应用激光, 2021, 41 (3): 636-642.

[43] 崔洋, 赵军, 卜庆奎, 等. 某大型一体化结构件的数控加工技术 [J]. 工具技术, 2022, 56 (10): 82-85.

[44] 姚诗梦, 刘阳, 刘建鹏. 基于单工序智能加工系统的动态调度策略 [J]. 兵工自动化, 2020, 39 (1): 35-39.

[45] 张国锋, 徐雷, 王鑫, 等. 基于变密度法的连续体结构拓扑优化后处理方法研究 [J]. 机械强度, 2022, 44 (4): 845-851.

[46] 占金青, 龙良明, 刘敏, 等. 基于最大应力约束的柔顺机构拓扑优化设计 [J]. 机械工程学报, 2018, 54 (23): 32-38.

[47] DENG H, VULIMIRI P S, TO A C. An efficient 146-line 3D sensitivity analysis code of stress-based topology optimization written in MATLAB [J]. Optimization and engineering, 2022, 23 (3): 1733-1757.

[48] 张凯飞, 陈奇, 鄢然, 等. 考虑激光粉末床熔融成形铺粉过程的自支撑拓扑优化算法 [J]. 中国激光, 2024, 51 (20): 260-267.

[49] 王辰, 刘义畅, 陆宇帆, 等. 考虑增材制造填充结构强度的拓扑优化方法 [J]. 上海交通大学学报, 2024, 58 (3): 333-341.

[50] 邹君, 姚卫星, 张悦超, 等. 基于渐进演化策略的增材制造自支撑结构拓扑优化算法 [J]. 计算力学学报, 2021, 38 (6): 704-711.

[51] 刘继凯, 张乘虎, 袁志玲, 等. 基于 Ordered SIMP 插值模型的点阵-实体复合结构拓扑优化设计方法 [J]. 湖南大学学报 (自然科学版), 2022, 49 (2): 13-19.

[52] 王景良, 朱天成, 朱龙彪, 等. 连续体结构的变密度拓扑优化方法研究 [J]. 工程设计学报, 2022, 29 (3): 279-285.

[53] 张新聚, 薛占璞, 郑雄飞, 等. 基于增材制造的点阵结构优化 [J]. 实验技术与管理, 2023, 40 (1): 83-91.

[54] DONG G Y, TANG Y L, ZHAO Y Y F. A 149 line homogenization code for three-dimensional cellular materials written in matlab [J]. Journal of Materials Science & Technology, 2019, 141 (1): 011005.

[55] SVANBERG K. The method of moving asymptotes—a new method for structural optimization [J]. International Journal for Numerical Methods in Engineering, 1987, 24 (2): 359-373.

[56] LIU J, TO A C. Topology optimization for hybrid additive-subtractive manufacturing [J]. Structural and Multidisciplinary Optimization, 2017, 55 (2): 1281-1299.

[57] LIU J, TO A C. Deposition path planning-integrated structural topology optimization for 3D additive manufacturing subject to self-support constraint [J]. Computer-Aided Design, 2017, 91: 27-45.

[58] GUO Y, LIU J, AHMAD R, et al. Concurrent structural topology and fabrication sequence optimization for multi-axis additive manufacturing [J]. Computer Methods in Applied Mechanics and Engineering, 2025, 435: 117627.

[59] 曹佳薇. 考虑瞬态热力耦合效应的增材制造支撑结构拓扑优化设计 [D]. 大连: 大连理工大学, 2019.

[60] GUO X, ZHOU J, ZHANG W, et al. Self-supporting structure design in additive manufacturing through explicit topology optimization [J]. Computer Methods in Applied Mechanics and Engineering, 2017, 323: 27-63.

[61] VOGIATZIS P, MA M, CHEN S, et al. Computational design and additive manufacturing of periodic conformal metasurfaces by synthesizing topology optimization with conformal mapping [J]. Computer Methods in Applied Mechanics and Engineering, 2017, 328 (1): 477-497.

[62] ZEGARD T, PAULINO G H. Bridging topology optimization and additive manufacturing [J]. Structural& Multidisciplinary Optimization, 2016, 53 (1): 175-192.

[63] DING H, ZOU B, WANG X, et al. Microstructure, mechanical properties and machinability of 316L stainless steel fabricated by direct energy deposition [J]. International Journal of Mechanical Sciences, 2023, 243: 108046.

[64] LIU W, WEI H Y, LIU A L, et al. Multi-index co-evaluation of metal laser direct deposition: An investigation of energy input effect on energy efficiency and mechanical properties of 316l parts [J]. Journal of Manufacturing Processes, 2022, 76: 277-290.

[65] 席明哲, 张永忠, 章萍芝, 等. 工艺参数对激光快速成型 316L 不锈钢组织性能的影响 [J]. 中国激光, 2002 (11): 1045-1048.

[66] CHEN Q, ZOU B, LAI Q, et al. Influence of irradiation parameters on the curing and interfacial tensile strength of HAP printed part fabricated by SLA-3D printing [J]. Journal of the European Ceramic Society, 2022, 42 (14): 6721-6732.

[67] HU Y, ZOU B, XING H, et al. Preparation of Mn - Zn ferrite ceramic using stereolithography 3D printing technology [J]. Ceramics International, 2022, 48 (5): 6923-6932.

[68] XING H Y, ZOU B, LIU X Y, et al. Fabrication strategy of complicated Al_2O_3-Si_3N_4 functionally graded materials by stereolithography 3D printing [J]. Journal of the European Ceramic Society, 2020, 40 (15): 5797-5809.

[69] FERRAGE L, BERTRAND G, LENORMAND P, et al. A review of the additive manufacturing (3DP) of bioceramics: alumina, zirconia (PSZ) and hydroxyapatite [J]. Journal of the Australian Ceramic Society, 2016, 53 (1): 11-20.

[70] FU X S, ZOU B, XING H Y, et al. Effect of printing strategies on forming accuracy and mechanical properties of ZrO_2 parts fabricated by SLA technology [J]. Ceramics International, 2019, 45 (14): 17630-17637.

[71] CHEN Q H, ZOU B, LAI Q G, et al. A study on biosafety of HAP ceramic prepared by

SLA-3D printing technology directly [J]. Journal of the Mechanical Behavior of Biomedical Materials, 2019, 98: 327-335.

[72] XING H Y, ZOU B, LAI Q G, et al. Preparation and characterization of UV curable Al_2O_3 suspensions applying for stereolithography 3D printing ceramic microcomponent [J]. Powder Technology, 2018, 338: 153-161.

[73] WANG X F, ZOU B, LI L, et al. Manufacturing of a ceramic groove part based on additive and subtractive technologies [J]. Ceramics International, 2021, 47 (1): 740-747.

[74] 王鹏. 纤维/耐热树脂复合材料 FDM 增材制造关键技术研究 [D]. 济南: 山东大学, 2022.

[75] 陈雪, 朱龙宇, 薛钦洋, 等. 防空导弹用树脂基复合材料研究进展 [J]. 空天防御, 2024, 7 (6): 76-95.

[76] 秦田亮, 徐吉峰, 郭瑾, 等. 民机热塑性复合材料结构制造关键技术及应用进展 [J]. 航空制造技术, 2024, 67 (20): 118-133.

[77] 唐见茂. 碳纤维树脂基复合材料发展现状及前景展望 [J]. 航天器环境工程, 2010, 27 (3): 269-280, 263.

[78] ISOGAWA S, AOKI H, TEJIMA M. Isothermal forming of CFRTP sheet by penetration of hemispherical punch [J]. Procedia Engineering, 2014, 81: 1620-1626.

[79] 郑嘉全. C-CFRTP 3D 打印双线桥接式路径规划策略 [D]. 大连: 大连理工大学, 2021.

[80] 王鹏, 邹斌, 丁守岭. 熔融沉积成型聚醚醚酮热流模拟及喷头设计 [J]. 工具技术, 2018, 52 (11): 66-69.

[81] 王鹏. 耐热性聚醚醚酮树脂的增材与减材复合制造关键技术研究 [D]. 济南: 山东大学, 2018.

[82] 董一巍, 赵奇, 李晓琳. 增减材复合加工的关键技术与发展 [J]. 金属加工 (冷加工), 2016 (13): 7-12.